C语言程序设计新思路

主编　巨同升

副主编　贾　凌　刘冬霞　刘焕亭

科学出版社

北　京

内 容 简 介

本书依据最新版的 C 语言参考手册编写，兼顾 C89 与 C99 标准。本书内容包括引论、基本数据与运算、顺序结构、选择结构、循环结构、数组、指针、字符串处理、函数、函数进阶、编译预处理、结构体与共用体、位运算、文件等。本书采用"编程驱动知识"的方式布局知识，采用"真实情境法"讲解语法，采用"逐步构造法"讲解程序。本书在主要章节中，以二维码的形式提供了 C 语言程序设计的教学视频，尤其适合于初学者使用。本书依据 Visual C++ 2010 Express 和 DEV-C++ 5.11 集成开发环境进行讲述，符合当前软件发展趋势，便于读者上机调试程序。

本书可作为高等院校各专业学生学习 C 语言程序设计的教材和参考书。

图书在版编目（CIP）数据

C 语言程序设计新思路 / 巨同升主编. —北京：科学出版社，2020.1
ISBN 978-7-03-064295-0

Ⅰ. ①C… Ⅱ. ①巨… Ⅲ. ①C 语言–程序设计 Ⅳ. ①TP312.8

中国版本图书馆 CIP 数据核字（2020）第 007455 号

责任编辑：胡云志 滕 云 / 责任校对：杨 赛
责任印制：霍 兵 / 封面设计：华路天然工作室

科 学 出 版 社 出版
北京东黄城根北街 16 号
邮政编码：100717
http://www.sciencep.com

北京密东印刷有限公司 印刷
科学出版社发行 各地新华书店经销
*

2020 年 1 月第 一 版 开本：787×1092 1/16
2024 年 1 月第六次印刷 印张：16 1/4
字数：410 000
定价：46.00 元
（如有印装质量问题，我社负责调换）

前　言

　　C 语言是目前世界上使用较广的高级程序设计语言，广泛应用于系统程序设计、数值计算、自动控制等诸多领域。

　　C 语言的产生颇为有趣，C 语言实际上是 UNIX 操作系统的一个副产品。1972 年，美国贝尔实验室的 Dennis Ritchie 为了开发 UNIX 操作系统专门设计了一种新的语言——C 语言。C 语言具有强大的功能、很高的运行效率，兼具高级语言的直观性与低级语言的硬件访问能力，因而很快从贝尔实验室进入了广大程序员的编程世界。

　　Dennis Ritchie 设计 C 语言的初衷是用于开发 UNIX 操作系统，因此 C 语言称得上是一门专业型语言。这使得 C 语言在具有强大的功能、很高的运行效率的同时，也在一定程度上存在语法晦涩难懂、不便于初学者掌握的不足之处。因此，C 语言似乎不太适合作为程序设计初学者的入门语言。不过在现代人效率观念的驱使下，仍有许多学校将 C 语言选作程序设计初学者的入门语言。其实，这样选择也未尝不可。只不过在教学中应当思考如何采取有效的应对策略，使初学者避开晦涩难懂的语法，从 C 语言中最基本、最实用的编程方法入手，力争使学习者尽快学会程序设计的基本方法，进而达到应用编程解决实际问题的目的。

　　从学习者的角度来说，要注意抓住 C 语言学习的重点所在——编程方法，而不要沉溺于 C 语言的语法细节之中。因为学习 C 语言的目的是编写程序解决实际问题，而过于细致地研究 C 语言的语法对于提高编程能力并没有大的帮助。

　　针对上述问题，本书在教学内容的编排上，采用了"编程驱动知识"的方式，即根据各章编程目标的需求，合理地安排每一个知识主题的切入点，从而将 C 语言中枯燥难懂的语法知识分解到全书各章中；采用"真实情境法"讲解语法，力求通过程序实例展示归纳出语法知识点；在讲解程序实例时，采用"逐步构造法"写出程序，即通过编程思路、算法设计、程序原型等环节一步一步地构造出完整的程序，从而加深读者对编程方法的理解和掌握。

　　本书在主要章节中以二维码形式提供了 C 语言程序设计的教学视频，有助于读者自学参考使用。

　　本书第 2 章由刘焕亭编写，第 3 章、第 12 章由贾凌编写，第 4 章、第 6 章由崔孝凤编写，第 7 章由宋吉和编写，第 14 章由刘冬霞编写，其余各章由巨同升编写。全书由巨同升统筹并定稿。本书所附教学视频由巨同升、解红、周洁、刘冬霞讲授。李业刚、李增祥对本书的编写提出了宝贵的建议。

　　在本书编写过程中，作者得到了山东理工大学计算机科学与技术学院广大同仁的大力支持与帮助，在此表示感谢。

　　由于作者水平所限，书中难免存在不足之处，敬请广大读者批评指正。

作　者

2019 年 9 月于山东理工大学

如何学好 C 语言

C 语言作为一门专业型的语言，具有功能强大、运行效率高、实用性强等特点。但是若作为学习程序设计的入门语言，C 语言却存在诸多不足之处，如 C 语言的语法过于灵活、C 语言的指针功能过于强大等。凡此种种，往往会给初学者造成诸多困惑，甚至严重打击初学者学习程序设计的自信心。

C 语言难学似乎是初学者的一个共识，那么 C 语言到底难在哪里，如何才能破解 C 语言难学的困局呢？其实，C 语言学习的难点主要在于其语法，而造成 C 语言语法难学的主要因素包括以下几方面。

（1）C 语言提供了多种功能独特的运算符，如自增（自减）运算符、复合赋值运算符、条件运算符、逗号运算符、位运算符等。

（2）C 语言允许将赋值表达式、自增（自减）表达式嵌入其他表达式中，导致 C 语言语句的表达形式灵活多变。

（3）C 语言中指针的使用无处不在、功能异常强大。

（4）C 语言中大大扩展了逻辑运算量的类型。

（5）C 语言中花括号与分号的位置若稍作变化，则往往导致完全不同的含义。

以上特色一方面造就了 C 语言优异的性能，另一方面也给初学者埋设了诸多的困惑与陷阱，令人爱恨交加，欲罢不能。

下面从三个方面探寻正确的 C 语言学习之道。

1. 如何学习 C 语言的语法

其实，只要采取了正确的学习策略，C 语言语法难学的问题是可以解决的。

首先，需要明确语法在程序设计中的地位。学习 C 语言的最终目的是学会编写程序解决现实问题，因此编程能力的培养是学习的核心。而语法是编程的基础，是为编程服务的，因此语法的学习应当紧紧围绕编程这个核心，脱离了编程的语法是毫无意义的。

是不是说必须系统地、牢固地掌握了 C 语言的语法，才能学好编程呢？其实并非如此。对于程序设计，更重要的是确定编程的总体思路或者说是算法，而不是具体实现中的语法。既往的经验表明，只需要掌握少量最常规的语法，就可以编写出解决一般问题的程序。至于有些非常规语法，即使是专业的程序员都极少用到，更别说是初学者了。因此，在学习时不要过于看重语法知识的系统性与连贯性，而应当根据程序设计的需求，循序渐进地积累语法知识。例如，C 语言中的运算符与表达式特别丰富，若将这些内容集中到一章中学习，则既枯燥乏味，又难以深入理解；若根据语法与程序设计的内在联系，将这些内容分布到适当的章节中讲述，则既容易理解，又便于学以致用。例如，自增（自减）运算符和逗号运算符在学习循环结构之前几乎不会用到，完全可以延后到循环程序部分再学习。

初学者应当优先学习既容易理解，又频繁使用的常规语法；而尽量避免研究既晦涩难懂，又极少使用的非常规语法。例如，形如 j=i++ + i++ + i++，a+=a-=a+a 这样的表达式，在实际编程中几乎不可能出现，因此并无研究的必要。再如，printf 函数中各种格式说明符的详尽用法、整型数据的内存表示形式及相互转化、扩展的逻辑运算量及逻辑运算的短路、for 语句的各种变式、通过指针引用二维数组的元素、行指针变量、指向函数的指针、链表等，这些内容初学者最好暂时不要深究。

当然，并不是说这些非常规语法就完全不进行研究，而是要选择恰当的学习方式和时机。正确的学习方式是在编程实践中研究语法，包括在阅读其他人写好的程序时发现的语法知识点，以及在自己编写程序、调试程序的过程中查阅并掌握需要用到的语法知识。这种方式具有更好的针对性，因而能够获得更好的学习效果。而正确的学习时机，则是在比较熟练地掌握常规语法并能够编写一般难度的程序之后，再来研究这些非常规语法。采取这种策略相当于降低了知识之间的跨度，从而能够更好地理解和掌握知识。

2. 如何培养基本的编程能力

编程能力的培养需要一个长期积累的过程。那么，如何才能逐步地积累编程经验呢？

首先是要尽量多地阅读其他人写好的程序，能够看懂程序实现的功能，分析出每条语句的作用，即如何一步步实现程序功能。

然后上机调试阅读过的程序，从最简单的程序入手，将程序代码一条一条地录入、编辑、编译、运行。在调试程序的过程中，能够发现在书面上静态分析程序时所不能发现的问题，然后经过查阅资料、主动思考、改正错误的过程，即可获取新的知识和技能。而这种收获是仅仅通过书面学习方式所不能得到的。因此，可以说不厌其烦地反复调试程序是学好程序设计的制胜法宝，这种说法一点都不为过。

在不断阅读已有程序的同时，还要经常自己编写程序。从模仿已有的程序入手，尝试编写简单的程序。编写程序的过程最好在计算机上完成，边编写、边调试运行，然后根据调试中发现的问题及时地修正程序。在不断地改正错误的过程中，编程能力将会得到有效提高。

对于具有一定复杂度的程序，可以首先尝试实现其中的一部分功能，待现有的程序调试运行成功之后，再在此基础上扩展另一部分功能，然后如此循环往复，直至最终获得功能完善的程序。

3. 如何让编程水平更上一层楼

在具备基本的编程能力之后，如何才能使自己的编程水平更上一层楼呢？将程序设计应用于解决现实问题是提高编程能力行之有效的方法，而面向项目的学习就是一种体现这种思路的卓有成效的培养学生综合分析问题、解决问题能力的教学模式。项目是指来源于现实中、具有一定复杂度的问题，通常需要学生运用多方面的知识综合分析、统筹规划，才能解决。

面向项目的学习，需要学生自行查阅资料，准备与项目相关的知识。通过这种方式所获得的是最牢固、"有机"的知识，更重要的是这种学习方式能够提高学生自主学习的能力。来自现实中的项目，往往是错综复杂的，在分析问题的过程中需要舍弃非本质的内容，提取出本质的核心问题，从而培养学生综合分析问题、统筹规划和解决复杂问题的能力。

作　者

2019 年 9 月

目　　录

第1章 引　论

计算机解决五花八门的问题，主要是通过软件实现的。这是因为一种计算机的硬件系统一经设计完成，就是基本固定不变的。而如何充分发挥硬件系统的功能，则要完全依赖软件。

软件是程序、数据及相关文档的集合，其中，程序是软件的主体。

1.1　程序与程序设计语言

程序，就是用于完成特定任务的一组指令的序列。从广义上来说，一篇菜谱、一段操作指令都是程序。而狭义的程序则特指计算机程序。

编写计算机程序需要有专门的程序设计语言。程序设计语言的发展经历了机器语言、汇编语言和高级语言三个时代。

机器语言的指令都是二进制代码，非常不便于编程者使用，而且其程序难以在具有不同指令系统的计算机之间移植。

汇编语言有所改进，其指令采用助记符表示，使用起来直观一些。不过，汇编语言指令与机器语言指令本质上是相同的，其程序仍然难以在具有不同指令系统的计算机之间移植。因而，机器语言与汇编语言统称为低级语言。

为了克服低级语言的缺点，从 20 世纪 50 年代开始，计算机专家着手研究设计一种更加通用、与具体计算机硬件无关、表达方式接近人类自然语言和数学语言的程序设计语言，这种语言称为高级语言。

从那时起，计算机专家陆续研究开发了数以千计的程序设计语言。就目前而言，常用的程序设计语言也有数十种之多。

各种程序设计语言的使用排名情况，可以查看 TIOBE 网站（ https://www.tiobe.com/tiobe-index ）的程序设计语言社区排行榜。

1.2　C 语言的发展及特点

1.2.1　C 语言的发展

在程序设计语言的发展历程中，从来没有一种语言像 C 语言一样具有如此广泛而长久的影响力。这主要体现在如下三个方面：

（1）C 语言是编写操作系统的第一选择，也是编写其他系统软件的优先选择。

（2）C 语言在嵌入式系统程序设计方面具有独特的地位，C 语言是除了汇编语言之外使用最多的单片机编程语言。

（3）鉴于 C 语言获得了巨大的成功，人们相继开发了许许多多的"C-like"程序设计语言，从而构成了庞大的 C 家族，包括 C++、C#、Objective-C、Java、PHP、Swift 等。

C 语言的诞生颇为有趣，C 语言实际上是 UNIX 操作系统的一个副产品。1972 年，美国贝尔实验室的 Dennis Ritchie 为了开发 UNIX 操作系统,专门设计出一种新的程序设计语言——C 语言。由于 C 语言具有强大的功能、很高的运行效率,兼具高级语言的直观性与低级语言的硬件访问能力,因而它很快从贝尔实验室走入了广大程序员的编程世界。

1.2.2　C 语言的标准化

1. 传统 C 语言

早期的 C 语言没有统一的标准和规范,直到 1978 年 Brain W. Kernighan 和 Dennis M. Ritchie 合著的 *The C Programming Language* 一书出版,才使这种状况得以改变。这本书中定义的语法很快就成为当时事实上的 C 语言规范,通常将这种规范称为传统 C 语言。

2. C89 标准

在 C 语言的发展过程中,出现了很多 C 语言的"方言"版本,C 语言的标准化成为一个紧迫的问题。1983 年,美国国家标准化协会(American National Standards Institute,ANSI)着手进行 C 语言的标准化工作,直到 1989 年 12 月颁布实施。1990 年,国际标准化组织(International Organization for Standardization,ISO)接受了这一标准,并将其颁布为国际标准。通常将这一标准称为 C89 标准。

目前,几乎所有的 C 语言编译器都能够支持 C89 标准。

3. C99 标准

1999 年,国际标准化组织再次颁布了新的 C 语言标准,通常称其为 C99 标准。目前,大部分 C 语言编译器都能够支持 C99 标准。

4. C11 标准

2011 年,国际标准化组织再次颁布了迄今最新的 C 语言标准,通常称其为 C11 标准。目前,几种主流的 C 语言编译器能够部分地支持 C11 标准。

本书内容主要依据 C89 标准讲解,部分内容同时兼顾 C99 标准。

1.2.3　C 语言的特点

C 语言具有如此强大持久的生命力,成为经久不衰、最受欢迎的程序设计语言之一,是由 C 语言自身所具有的如下显著特点所决定的。

（1）简洁。C 语言的关键字与保留标识符特别简短,并采用一对花括号定义程序块,从而使得 C 语言的程序异常简洁。

（2）灵活。C 语言定义了若干功能独特的运算符,加之赋值运算可以嵌入其他表达式中,导致 C 语言语句的表达形式灵活多变。当然,过于灵活多变的语法表示也会给学习者带来诸多的陷阱与困惑。

（3）功能强大。C 语言具有丰富而独特的数据类型与运算符,使得 C 语言具有强大的数据表达能力与数据处理能力。

（4）效率高。这主要得益于灵活强大的指针功能,使得 C 语言程序具有仅次于汇编语言程序的执行效率。

1.3 C语言程序的构成

为了对 C 语言有一个感性的认识，下面预览一个简单的 C 语言程序。

【例 1.1】 已知做匀速直线运动的物体的速度为 20m/s，运动时间为 10s，编写程序求其位移。

问题分析：

这是一个很简单的物理问题，可以轻而易举地求得问题的答案。不过，这里需要完成的是编写一个程序让计算机求得问题的答案。

如何编写这个程序呢？有人已经替我们写好了这个程序，让我们来看一下。

```c
#include <stdio.h>
int main(void)
{
int v,t,s;
v=20;
t=10;
s=v*t;
printf("%d",s);
return 0;
}
```

这就是一个简单而完整的 C 语言程序，下面来分析一下它的结构组成。

C 语言是一种函数型语言，每个 C 语言程序都是由若干个函数组成的，即函数是 C 语言程序的基本构成单位，C 语言的函数相当于其他语言的子程序。

该程序由一个函数构成。其中，int main（void）是函数首部（也称为函数头），而 main 是它的函数名。

以一对花括号括起来的部分是函数的主体部分，称为函数体。函数体是由若干条语句构成的。下面分析一下各条语句的功能。

```c
int v,t,s;
```

这条语句定义了 3 个变量 v、t、s，分别用来存储 3 个物理量的值。一般来说，有几个物理量就定义几个变量。其中，int 表示这 3 个变量是用来存储整数的变量。

```c
v=20;t=10;
```

这两条语句用来分别将一个数存入一个变量中，也就是将两个已知量的值告诉计算机。

```c
s=v*t;
```

这条语句用来将未知量与已知量的关系告诉计算机，即通过已知量 v、t 求得未知量 s 的值。

```c
printf("%d",s);
```

这条语句用来在显示器上输出变量 s 的结果。其中，"%d" 表示以整数格式输出。

可以发现，上述程序由以下四个功能部分组成，而这也是简单 C 语言程序的一般功能构成。

（1）定义变量。变量的作用是存储各个物理量的值。一般来说，有几个物理量就需要定义几个变量。

（2）输入已知量的值。也就是将已知量的值告诉计算机。

（3）将已知量与未知量的关系告诉计算机，求得未知量的值。

（4）输出求得的未知量的值。

综合上面的例子，来看一下 C 语言程序最基本的构成规则。

（1）一个 C 语言程序是由若干个函数组成的，其中必须有一个主函数（main 函数）。函数是 C 语言程序的基本构成单位。

（2）一个 C 语言程序总是从 main 函数开始执行的，而不论 main 函数位于其他函数之前或其他函数之后。

（3）一个函数由函数首部和函数体两部分组成。最简单的函数首部，是由函数类型、函数名及其后的一对圆括号组成的，如 int main()。而函数体是由括在一对花括号中的若干条语句组成的。

（4）每条语句的末尾必须有一个分号，分号是 C 语言语句必不可少的组成部分。

（5）C 语言程序书写格式自由。既可以将几条语句写在同一行上，也可以将一条语句写在几行上。这是因为可以用分号来区分不同的语句。

（6）为了增强程序的可读性，可以对 C 语言程序中的任意部分做注释说明。注释信息必须写在"/*"和"*/"之间，C99 标准中还可以将从"//"开始直至行末的字符序列定义为注释信息。注释信息对程序的执行不产生任何影响。

1.4 C 语言程序的运行

编辑完成的 C 语言源程序（扩展名为 c）并不能直接运行，必须先经过编译得到目标程序（扩展名为 obj），再经过连接得到可执行程序（扩展名为 exe）。

C 语言集成开发环境（Integrated Development Environment，IDE）是集成化的软件开发工具，一般都提供了 C 语言程序的编辑、编译、连接、调试、运行等功能。目前，常用的 C 语言集成开发环境包括以下几种：

（1）Dev-C++。

（2）Code Blocks。

（3）Visual Studio。

（4）Visual C++。

下面主要介绍使用Dev-C++ 5.11 与 Visual C++ 2010 进行 C 语言程序开发的一般步骤。

1.4.1 Dev-C++

Dev-C++是一个 Windows 环境下的 C/C++集成开发环境，它是一款自由软件。目前，其最新版本是 5.11 版。

Dev-C++ 5.11 英文运行界面，如图 1.1 所示。

Dev-C++ 5.11 支持多语言运行界面。在安装时先将运行界面语言选择为英文，然后可以在第一次启动时选择中文运行界面，也可以在此之后通过选择 Tools→Environment Options→Language 选项设置为中文运行界面。

1. 编辑源程序

在 Dev-C++5.11 主窗口的菜单中，选择【文件】→【新建】→【源代码】选项，将会打开代码编辑窗口。在代码编辑窗口中编辑 C 语言源程序，然后选择【文件】→【保存】选项，保存类型选择 C source files，如图 1.2 所示。

图 1.1　Dev-C++ 5.11 英文运行界面

图 1.2　Dev-C++ 5.11 的编辑界面

在编辑代码时，所有的字符（包括特殊字符、标点符号及格式说明符）必须使用半角字符，不过字符串中格式说明符之外的普通字符不受此限制。在 Dev-C++ 5.11 中，中文、英文标点符号可以从颜色上区分出来。

在 Dev-C++ 5.11 中，可以在按下 Ctrl 键的同时，通过滚动鼠标滚轮方便地调整字体的大小。

2. 编译源程序

在 Dev-C++5.11 主窗口的菜单中，选择【运行】→【编译】选项，将会对当前源程序进行编译及连接，生成可执行文件，如图 1.3 所示。

3. 运行程序

在 Dev-C++ 5.11 主窗口的菜单中，选择【运行】→【运行】选项，将会运行可执行文件，产生输出结果，如图 1.4 所示。

图 1.3　Dev-C++ 5.11 的编译界面

图 1.4　Dev-C++ 5.11 的运行窗口

1.4.2　Visual C++ 2010

Visual C++ 2010 是 Microsoft 公司的产品，发布于 2010 年。

启动 Visual C++ 2010 学习版，将会打开如图 1.5 所示的主窗口。

1. 新建项目

在 Visual C++ 2010 学习版主窗口的菜单中，选择【文件】→【新建】→【项目】选项，将会打开"新建项目"对话框，如图 1.6 所示。

图 1.5　Visual C++ 2010 学习版主窗口　　　　　图 1.6　"新建项目"对话框

在对话框中选择"Win32 控制台应用程序"选项，设置保存位置并输入项目名称，然后单击【确定】按钮，将会打开"Win32 应用程序向导"对话框。在对话框中单击【下一步】按钮，进入"应用程序设置"对话框，如图 1.7 所示。

　　在对话框的"附加选项"组中勾选【空项目】复选框，然后单击【完成】按钮，将会完成项目的创建，并在主窗口中打开"解决方案资源管理器"窗口，如图 1.8 所示。

　　2. 编辑源程序

　　在"解决方案资源管理器"窗口中，选择当前项目中的"源文件"文件夹，然后选择主菜单中的【项目】→【添加新项】选项，打开"添加新项"对话框，如图 1.9 所示。

图 1.7　"应用程序设置"对话框

图 1.8　包含"解决方案资源管理器"的主窗口　　　　图 1.9　"添加新项"对话框

在"添加新项"对话框中的列表中选择【C++文件（.cpp）】选项，然后设置保存位置并输入文件名（当调试运行 C 语言程序时，所输入源程序文件名的扩展名必须为 c），最后单击【添加】按钮，将会打开源文件代码编辑窗口，如图 1.10 所示。

在源文件代码编辑窗口中编辑 C 语言源程序，然后选择主菜单中的【文件】→【全部保存】选项，如图 1.11 所示。

图 1.10 源文件代码编辑窗口　　　　　　图 1.11 输入源程序后的主窗口

3. 编译与连接源程序

在 Visual C++ 2010 主窗口的菜单中，选择【生成】→【生成解决方案】选项，即可完成源程序的编译与连接，从而得到可执行程序，如图 1.12 所示。

图 1.12 可执行程序

4. 运行程序

在 Visual C++ 2010 主窗口的菜单中，选择【调试】→【开始执行（不调试）】选项，即可运行可执行程序并输出结果，如图 1.13 所示。

需要注意，在 Visual C++ 2010 开发环境中，每个程序都对应一个解决方案。因此，在当前程序运行完成之后，必须选择主菜单中的【文件】→【关闭解决方案】选项，以关闭当前的解决方案，然后才能重新创建另一个解决方案。

1.4.3 程序的调试

程序中存在错误是在所难免的，如何在有错的程序中准确地定位错误、排除错误才是最关键的问题。

1. 错误类型

程序中最常见的错误包括语法错误、逻辑错误（语义错误）和运行错误三种。

（1）语法错误。语法错误是指因为程序违反了程序设计语言的语法而导致的错误。编译系统能够发现程序中的语法错误，并以错误信息的形式显示出来。语法错误又分为错误

图 1.13 运行结果窗口

（error）和警告（warning）两种。错误是比较严重的问题，必须改正，否则不能生成目标程序和可执行程序。警告是比较轻微的错误，不影响目标程序和可执行程序的生成，即便如此，最好还是修正程序，尽量排除所有的警告。

（2）逻辑错误（语义错误）。逻辑错误（语义错误）是指程序的处理逻辑不正确而导致的错误。例如，程序原本要计算 1+2+3+…+100，实际上却多加了一个 101，这就是逻辑错误。逻辑错误的原因是编程者没有正确地表达自己的思路，而编译系统并不知道编程者的初衷是什么，因而编译系统不能发现逻辑错误，逻辑错误只能由编程者自行查找。

图 1.14　运行错误信息框

（3）运行错误。运行错误是指程序在运行过程中出现的异常情况，导致程序无法继续运行而退出，其信息框如图 1.14 所示。常见的运行错误包括内存溢出、堆栈溢出、非法访问内存单元等。

2. 调试程序

调试程序就是发现并改正错误的过程，是一项具有挑战性的工作。程序的调试过程一般包括四个步骤：发现错误、定位错误、分析出错原因和改正错误，其中的难点是定位错误和分析出错原因。

（1）发现错误就是确定程序中存在错误的过程。语法错误能够由编译系统发现，运行错误也会有相应的信息提示，而逻辑错误则可以从程序的运行结果中体现出来。

（2）定位错误就是具体确定出错语句位置的过程。语法错误能够由编译系统定位，编程者只需查看出错信息即可获知。但需要注意，有时编译系统给出的出错信息并非十分准确，编程者需要参考出错信息，综合分析出错语句的上下文进行错误的准确定位。

对于逻辑错误，编译系统既不能发现也不能定位，编程者需通过分析程序的运行结果，自行查找定位。为了能够准确地定位具体的出错语句，可以在程序中临时添加输出中间变量结果的语句。待程序调试正确之后，再将这些输出中间变量结果的语句删除。

运行错误能够在程序运行过程中表现出来，其错误定位可以参照逻辑错误的定位方法。

（3）在定位出错点之后，还要分析具体的出错原因。语法错误的出错信息可以帮助编程者确定出错的原因。对于逻辑错误，则需要仔细分析出错语句中变量之间的运算逻辑关系是否正确。对于运行错误，则着重检查是否存在非法的内存访问。

（4）一旦明确了出错原因，改正错误将是水到渠成的。但是需要注意，在改正错误的同时要避免引入新的错误。

第 2 章　基本的数据与运算

程序离不开数据,数据是程序处理的对象,程序主要通过各种运算符对数据进行处理。本章主要讨论 C 语言中三种基本数据类型,以及对这些数据进行处理的基本算术运算符和表达式。

2.1　标识符、变量与常量

C 语言程序中的数据根据其特性可以分为常量与变量两种,而定义符号常量和变量必须使用标识符。

2.1.1　关键字与标识符

在编写 C 语言程序时,要经常用到一些预先定义好的类型名(如 int、float 等),以及一些具有特定作用的单词(如 if、return 等)。在 C 语言中,将这些预先定义好的类型名和单词,称为关键字(keyword)。

有关 C 语言关键字的详细信息可以查看本书的附录 B。

在 C 语言程序中除了关键字之外,编程者往往也需要定义一些名字来表示程序中的实体,如变量名、函数名、文件名等。在 C 语言中,将各种实体的名字统称为标识符(identifier)。

定义标识符有一定的规范要求。C 语言规定,标识符只能由英文字母、数字和下划线三种字符组成,并且首字符必须是英文字母或下划线。例如,a、x3、BOOK_1、sum5 都是合法的标识符。

需要注意,在 C 语言中严格区分字母的大小写。因此,sum 和 Sum 是两个不同的标识符。

在 C 语言标准库的头文件中定义了大量的标识符,主要是一些库函数名、类型名和宏名,如 printf、scanf、EOF 等。这类标识符称为保留标识符(预定义标识符)。

由编程者自己定义的标识符称为用户标识符。很显然,用户标识符既不能与关键字重名,也不能与保留标识符重名。

2.1.2　变量

变量(variable)是指在程序运行过程中,其值可以改变的量。

变量的作用是存储程序中用到的数据。从本质上说,就是将数据存储到变量所对应的内存单元中。例如,在 Visual C++ 2010 中,一个 int 型变量的长度是 4 字节,从而在内存中占用 4 个连续的内存单元(微型计算机中内存单元的长度通常为 1 字节)。因此,对这个变量的操作,实际上就是对这 4 个内存单元的操作。

1. 变量的定义

C 语言程序中的所有变量都必须先定义后使用。定义变量就是给变量指定类型和名称,并分配对应的内存单元。C89 标准规定,在函数体中定义变量的语句只能位于函数体或复合语句（以一对花括号括起来的一组语句）的开头部分；C99 标准则允许在函数体中的任意位置定义变量。

例如：

```
#include <stdio.h>
int main(void)
{int a,b;
 a=32767;
 b=99;
 printf("%d,%d\n",a,b);
 return 0;
}
```

2. 变量的赋值

变量赋值是程序中最常用的一种运算。变量赋值就是将一个数据的值存入一个变量所对应的内存单元中。

例如：

```
int a;
a=123;
```

赋值之后，变量 a 所对应的内存单元中的内容为 123（二进制形式为 00000000 00000000 00000000 01111011）。

赋值运算的一般形式为

```
变量=表达式
```

其中，"="称为赋值运算符。赋值运算的功能是：先计算右侧表达式的值，然后将该值存入左侧的变量中。

例如：

```
int v,t,s;
v=10;
t=20;
s=v*t;
```

【例 2.1】 已知地球的平均半径为 6371.393km，编写程序计算地球的表面积。

编程思路：

（1）该问题中有三个物理量：半径、表面积、圆周率。

（2）因为圆周率是一个常数，故不宜定义为变量。程序中也不能直接用希腊字母 π 来代表圆周率。

（3）因为半径和表面积是实数，故应定义为实型变量。

源程序：

```
#include <stdio.h>
int main(void)
{float r,s;
 r=6371.393;
 s=4*3.14159*r*r;
 printf("%f",s);
 return 0;
}
```

在该程序中，变量定义语句中的 float 表示定义实型变量，printf 函数中的"%f"表示按实数格式输出变量 s 的值。

该程序的运行结果只给出了变量 s 的值，而缺乏必要的说明信息，不够明确。故可以将输出语句改为

```
printf("s=%f\n",s);
```
或者
```
printf("地球的表面积=%f 平方千米\n",s);
```
其中，"\n"是换行符，起到使光标换行的作用。

2.1.3　常量

常量（constant）是指在程序运行过程中，其值不能改变的量。C 语言中的常量分为直接常量和符号常量两种。

1. 直接常量

直接常量也称为字面常量，就是直接在程序中写出来的常量。如例 2.1 中的 6371.393、3.14159。

2. 符号常量

符号常量就是用一个标识符来代表一个常量，习惯上使用大写字母表示。在 C 语言中使用 define 命令来定义符号常量。其定义格式为

```
#define 标识符　常量
```

【例 2.2】　已知地球的平均半径为 6371.393km，编写程序计算地球的表面积。

编程思路：

为了使得程序更加直观，此处将圆周率定义为一个符号常量 PI。

源程序：

```
#include <stdio.h>
#define  PI  3.14159    /*注意此处既无"=", 也无分号*/
int main(void)
{float r,s;
r=6371.393;
s=4*PI*r*r;
printf("地球表面积=%f 平方千米\n",s);
return 0;
}
```

使用符号常量可以改善程序的可读性和可维护性。但需要注意，由于符号常量不是变量，故不能对符号常量进行赋值。

2.2　整型、实型与字符型数据

在编写 C 语言程序时，除了整型数据和实型数据之外，有时还要使用字符型等其他类型的数据。那么 C 语言提供了哪些类型的数据呢？

C 语言的数据类型可以分为标量类型、组合类型以及共用体类型和 void 类型，如图 2.1

图 2.1　C 语言的数据类型

所示。

本章主要讨论标量类型中的整型数据、实型数据和字符型数据的用法。

2.2.1　整型数据

整型数据包括整型常量和整型变量。

1. 整型常量

整型常量就是整数。在 C 语言程序中可以使用三种形式的整数。

（1）十进制整数，如 123，–123。

（2）八进制整数，必须以 0 开头，可正可负，如 0123，–0123。

（3）十六进制整数，必须以 0x 开头，可正可负，如 0x12a，–0x12a。

可见，在 C 语言程序中不能直接使用二进制整数。

【例 2.3】　整型常量的使用。

```
#include <stdio.h>
int main(void)
{int a,b,c;
 a=100;
 b=-0100;
 c=0x100;
 printf("a=%d,b=%d,c=%d\n",a,b,c);
 return 0;
}
```

程序运行结果：

```
a=100,b=-64,c=256
```

2. 整型变量

整型变量是在程序中存储整数的变量。为了充分有效地利用计算机的存储空间，便于编程者根据整数的取值范围选择合适的整型变量，C 语言提供了基本整型、短整型、长整型三种内存长度的整型数据；根据是否需要负数，又将每一种整型数据分为有符号与无符号两种。

在 Visual C++ 2010 中，整型数据的类型、长度和取值范围如表 2.1 所示。

表 2.1　整型数据的类型、长度和取值范围

类型名称	类型标识符	长度/bit	取值范围
有符号基本整型	[signed] int	32	$-2147483648 \sim 2147483647$（$-2^{31} \sim 2^{31}-1$）
无符号基本整型	unsigned [int]	32	$0 \sim 4294967295$（$0 \sim 2^{32}-1$）
有符号短整型	[signed] short [int]	16	$-32768 \sim 32767$（$-2^{15} \sim 2^{15}-1$）
无符号短整型	unsigned short [int]	16	$0 \sim 65535$（$0 \sim 2^{16}-1$）
有符号长整型	[signed] long [int]	32	$-2147483648 \sim 2147483647$（$-2^{31} \sim 2^{31}-1$）
无符号长整型	unsigned long [int]	32	$0 \sim 4294967295$（$0 \sim 2^{32}-1$）

在内存中，有符号整数是以二进制补码的形式存储的，而无符号整数是以无符号二进制数的形式存储的。

3. 整型数据的溢出

整型数据的取值范围是有一定限制的。如果整型数据的运算结果超出了它的取值范围，将会出现什么问题呢？

【例 2.4】 整型数据的溢出。

```
#include <stdio.h>
int main(void)
{short int a,b;
 a=32767;
 b=a+2;
 printf("b=%hd\n",b);          /*%hd 表示输出有符号短整型数据*/
 return 0;
}
```

程序运行结果：

```
b=-32767
```

为什么会得到这个结果呢？这需要根据变量 a、b 的内部表示来解释。因为变量 a 是有符号整型变量，故变量 a 的内部表示应为 0111 1111 1111 1111，从而变量 b 的内部表示应为 1000 0000 0000 0001。由于变量 b 也是有符号整型变量，故应将 1000 0000 0000 0001 看作补码形式，而相应的原码形式为 1111 1111 1111 1111，最终转化为十进制真值为-32767。

程序之所以得到错误的结果，就是因为运算结果超出了变量的取值范围，即产生了溢出。

由于 C 语言编译系统不对整型数据的溢出进行检查，所以需要编程者自己留意。必要时可以选用取值范围更大的数据类型。

【例 2.5】 已知变量 a 和 b 的值分别为 123 和 456，编写程序交换这两个变量的值。

编程思路：

（1）交换变量 a 和 b 的值，就是将 b 原来的值赋给 a，而将 a 原来的值赋给 b。

（2）但是若直接用 "a=b;b=a;" 进行交换，则变量 a 原来的值将会丢失。

（3）应首先将变量 a 原来的值保存到第三个变量 t 中，即 "t = a; a = b; b =t;"。

源程序：

```
#include <stdio.h>
int main(void)
{int a,b,t;
 a=123;
 b=456;
 t=a;a=b;b=t;
 printf("a=%d,b=%d\n",a,b);
 return 0;
}
```

2.2.2 实型数据

实型数据包括实型常量和实型变量。

1. 实型常量

实型常量就是实数（浮点数）。在 C 语言程序中可以使用两种形式的实数。

（1）十进制小数形式，如 123.456、-123.456 等。

（2）十进制指数形式（科学记数法）。

一般形式：

尾数部分 e 阶码部分或尾数部分 E 阶码部分

例如，1.23456e3 和-1.23456e-3 分别代表 1.23456×10^3 和-1.23456×10^{-3}。

指数形式的尾数部分不能缺省，例如，10^{-6} 应表示为 1e-6。阶码部分必须为整数，因为阶码的值实际上就是小数点左右浮动的位数。

2. 实型变量

实型变量用于在程序中存储实数。为了充分利用计算机的存储空间，便于编程者根据实数的取值范围选择合适的实型变量，C 语言将实型数据进一步划分为单精度实型、双精度实型和长双精度实型三种类型。

在 Visual C++ 2010 中，各种实型数据的类型、长度和取值范围如表 2.2 所示。

表 2.2　实型数据的类型、长度和取值范围

类型名称	类型标识符	长度/bit	有效数字	取值范围
单精度实型	float	32	7~8 位	$-3.4 \times 10^{38} \sim 3.4 \times 10^{38}$
双精度实型	double	64	15~16 位	$-1.7 \times 10^{308} \sim 1.7 \times 10^{308}$
长双精度实型	long double	64	15~16 位	$-1.7 \times 10^{308} \sim 1.7 \times 10^{308}$

实型数据在内存中是以二进制指数形式存储的，通常采用 IEEE 754 标准规定的浮点数格式。例如，float 型数据在内存中的存储形式如图 2.2 所示。

图 2.2　float 型数据在内存中的存储形式

在内存中存储实型数据时，其尾数的二进制位数是有限度的，而尾数的位数决定了实数的精度。例如，float 型数据只能存储 24 位二进制尾数。而将一个十进制实数转化为二进制形式时，其有效数字位数有可能超出这个长度，从而导致有效数字丢失而产生误差。

【例 2.6】　实型数据的舍入误差。

```c
#include <stdio.h>
int main(void)
{float x;
 double y;
 x=123.4567890123456789;
 y=123.4567890123456789;
 printf("x=%.20f\n",x);        /*保留 20 位小数*/
 printf("y=%.20f\n",y);
 return 0;
}
```

程序运行结果：

```
x=123.45678710937500000000
y=123.45678901234568000000
```

可见，单精度实型产生了一定的误差，而双精度实型的误差则会小一些。因此，在程序中应当根据计算的需求选择合适的实数类型。

【例 2.7】 已知某球体的半径，编写程序计算其表面积。

编程思路：

前面计算地球表面积的程序，只能求得特定半径值的球体表面积，程序的通用性较差。如何才能利用同一个程序求得任意半径值的球体表面积呢？其实，可以借助 C 语言中的 scanf 函数来实现这个目标。

scanf 函数具有在程序运行过程中为变量输入赋值的功能。例如，当程序执行到语句 scanf（"%f",&r）;时，将会暂停执行；等待用户从键盘输入一个实数之后，将这个实数赋给变量 r，然后继续执行后边的语句。

源程序：

```
#include <stdio.h>
#define  PI  3.14159
int main(void)
{float r,s;
 scanf("%f",&r);
 s=4*PI*r*r;
 printf("球体表面积=%f\n",s);
 return 0;
}
```

【例 2.8】 从键盘输入两个实数存入变量 a、b 中，然后交换这两个变量的值并输出结果。

源程序：

```
#include <stdio.h>
int main(void)
{float a,b,t;
 scanf("%f%f",&a,&b);
 t=a;
 a=b;
 b=t;
 printf("a=%f,b=%f\n",a,b);
 return 0;
}
```

2.2.3 字符型数据

字符型数据包括字符型常量和字符型变量。

1. 字符型常量

字符型常量是单个 ASCII 码字符，在程序中用单引号括起来，如'a'、'$'、'='、'+'、'?'等。

为了能够在程序中表示一些特殊字符，C 语言中引入转义字符的概念。转义字符是以反斜线 "\" 开头的 2~4 个字符的序列。

常用的转义字符如表 2.3 所示。

表 2.3　常用的转义字符

转义字符	转义字符的意义	ASCII 码
\a	警报（响铃）	7
\n	换行符	10
\r	回车符	13
\f	换页符	12
\t	水平制表符	9
\v	垂直制表符	11
\b	退格符	8
\0	空字符	0
\\	反斜线"\"	92
\'	单引号	39
\"	双引号	34

C 语言还支持用数字形式表示的转义字符：

（1）'\qqq'代表 ASCII 码值为八进制数 qqq 的字符，其中的 qqq 可以是 1～3 位八进制数。例如，'\0'代表 ASCII 码值为 0 的字符（空字符），'\101'代表 ASCII 码值是八进制数 101（二进制数 0100 0001）的字符'A'。

（2）'\xhh'代表 ASCII 码值为十六进制数 hh 的字符，其中的 hh 可以是 1～2 位十六进制数。例如，'\x61'代表 ASCII 码值是十六进制数 61（二进制数 0110 0001）的字符'a'。

为了避免与空字符'\0'产生混淆，转义字符中的十六进制数的前导 0 一律省略，而八进制数的前导 0 则可有可无。

可见，使用数字形式的转义字符可以表示 ASCII 码字符集中的任意一个字符。

2. 字符型变量

字符型变量用来存放字符型常量，一个字符型变量中只能存放一个字符型常量。

在 C 语言中用关键字 char 定义字符型变量。

例如：

```
char ch;
ch='A';
```

字符型数据在内存中是以二进制 ASCII 码的形式存储的，长度为 1 字节。

C 语言除了可以处理单个字符之外，也可以处理字符串。字符串常量是字符（可以包括汉字等字符）的序列，在程序中用一对双引号括起来。

例如，"How are you"、"中国"和"a"等都是合法的字符串常量。不含任何字符的字符串称为空字符串，即""。

在 C 语言中，如何对字符串进行存储和处理呢？有关内容将在第 8 章中讲解。

2.2.4　sizeof 运算符

在 C 语言的标准中，并未严格定义整型、实型数据的内存长度。因此，同一种类型的数据在不同的编译器中有可能具有不同的内存长度。不过,利用 C 语言中的 sizeof 运算符,可以很方便地测试出某种类型或数据的内存长度。

sizeof 运算符的一般形式:

```
sizeof(类型名或数据)
```

其中,数据可以是常量、变量、数组名和表达式。

【例 2.9】 sizeof 运算符用法示例。

```
#include <stdio.h>
int main(void)
{int m;
 double x;
 printf("%d,%d\n",sizeof(char),sizeof(long double));
 printf("%d,%d\n",sizeof(m),sizeof(x));
 printf("%d,%d\n",sizeof(65535),sizeof(123.456789));
 return 0;
}
```

需要注意,sizeof 是运算符而不是函数名。

2.3 算术运算符和算术表达式

程序对数据的处理是通过运算符实现的。C 语言具有非常丰富的运算符,这里先介绍其中最常用的基本算术运算符及算术表达式。

2.3.1 基本算术运算符

C 语言的基本算术运算符包括 7 种,如表 2.4 所示。

表 2.4 基本算术运算符

名称	运算符
加法运算符	+
减法运算符	−
乘法运算符	*
除法运算符	/
求余数运算符	%
取正运算符	+
取负运算符	−

其中,前五种属于双目运算符(二元运算符,有两个运算量),后面两种属于单目运算符(一元运算符,只有一个运算量)。

在 C 语言中,有些算术运算符的用法与数学中有所不同,使用时要注意区分。

(1)两个整数相除的结果也是一个整数。

先来看一个具体的例子。

【例 2.10】 已知球体的半径,编写程序计算其体积。

源程序:

```
#include <stdio.h>
#define  PI  3.14159
int main(void)
{float r,v;
 scanf("%f",&r);
 v=4/3*PI*r*r*r;
 printf("v=%f\n",v);
 return 0;
 }
```

在该程序运行时，若输入 10，则程序运行结果为

```
v=3141.590000
```

结果显然不正确，原因何在呢？这是因为 C 语言规定：在二元运算中，结果的类型与参与运算的运算量的类型相同。故两个整数相除的结果还是一个整数，4/3 的结果为 1。这种取整的方法称为截断取整（或向零取整），即直接截取数学运算结果的整数部分。

故相应的语句应改为

```
v=4.0/3.0*PI*r*r*r;
```

或者

```
v=4.0/3*PI*r*r*r;
```

也可以改为 v=PI*r*r*r*4/3;，因为此处 PI*r*r*r*4 的结果是实数，故除以整数 3 之后的结果仍然是一个实数。

（2）求余数运算只能用于两个整型数据之间，且余数总是与被除数同号。因此，若 m、n 为整型数据，则有 m%n=m−m/n*n，当然其中的 m/n 为整除。

例如：

```
20%3=2
-20%3=-2
20%-3=2
-20%-3=-2
```

【例 2.11】 编写程序实现从键盘输入一个四位正整数，分离出它的每一位数字并输出。

编程思路：

（1）正整数的个位数，可以通过对 10 求余数求得。

（2）正整数的十位数，可以先通过整除 10 去掉原来的个位数，然后通过对 10 求余数求得。

（3）正整数的百位数，可以先通过整除 100 去掉原来的后两位数，然后通过对 10 求余数求得。

（4）其余的位，以此类推。

源程序：

```
#include <stdio.h>
int main(void)
{int n,d4,d3,d2,d1;
 scanf("%d",&n);
 d1=n%10;          /*个位*/
 d2=n/10%10;       /*十位*/
 d3=n/100%10;      /*百位*/
 d4=n/1000%10;     /*千位*/
```

```
    printf("千位=%d, 百位=%d, 十位=%d, 个位=%d\n",d4,d3,d2,d1);
    return 0;
    }
```

可见，从变量 n 中分离出每一位数的一般方法为：个位数为 n%10，十位数为 n/10%10（或 n%100/10），百位数为 n/100%10（或 n%1000/100），千位数为 n/1000%10（或 n%10000/1000），依次类推。

2.3.2 算术表达式

用算术运算符将运算量连接起来形成的符合 C 语言语法规则的算式，称为算术表达式。其中的运算量可以是常量、变量和函数调用。

例如：

```
a*b/c-1.5
```

C 语言中表达式的写法与数学中的代数式有所不同，使用时要注意以下几点。

（1）表达式中的乘号不能省略，如 a*b*c。

（2）在表达式中，可以调用 C 语言的库函数。最常用的数学库函数包括绝对值函数 fabs（x）、乘方函数 pow（x, y）、平方根函数 sqrt（x）等。

在程序中调用库函数时，应该在程序的开头用 include 命令包含相应的头文件。常用的 C 语言库函数以及库函数与头文件的对应关系可以从本书的附录 D 中查得。

（3）在表达式中用括号改变运算符的运算次序时，一律使用圆括号。例如：

```
(-b+sqrt(b*b-4*a*c))/(2*a)
```

【例 2.12】 已知一个三角形三条边的长度，编写程序求其面积。

编程思路：

设三角形三条边的长度为 a、b、c，根据海伦公式 $s = \sqrt{p(p-a)(p-b)(p-c)}$ 即可求得三角形的面积。其中，$p = (a+b+c)/2$，即周长的 1/2。

源程序：

```
#include <stdio.h>
#include <math.h>                    /*程序中要调用数学库函数*/
int main(void)
{float a,b,c,p,s;
 scanf("%f%f%f",&a,&b,&c);
 p=(a+b+c)/2;
 s=sqrt(p*(p-a)*(p-b)*(p-c));        /*此处不要丢失乘号*/
 printf("三角形的面积=%.2f\n",s);     /*结果保留两位小数*/
 return 0;
 }
```

2.3.3 运算符的优先级与结合性

1. 运算符的优先级

当一个表达式中包含多种运算符时，将按照运算符的优先级依次运算。运算符的优先级即运算符运算的先后优先次序。例如，在基本算术运算中，取正和取负运算符的优先级最高，乘法、除法和求余数运算符的优先级次之，加法和减法运算符的优先级最低。

有关运算符优先级的详细情况可以查看本书的附录 C。

2. 运算符的结合性

当一个运算量两侧的运算符优先级相同时，并不总是按照从左到右的顺序进行运算。若先对左侧运算符进行运算，则称为左结合性；若先对右侧运算符进行运算，则称为右结合性。例如，在表达式 10/5*2 中，"*"和"/"均为左结合性的运算符。

有关运算符结合性的详细情况可以查看本书的附录 C。

第3章 顺序结构程序设计

当解决现实生活中的问题时，通常会考虑应该先做什么后做什么、按照怎样的逻辑顺序进行、遇到各种可能出现的状况时应该如何应对，最终确定最佳的方法和步骤。与此类似，对于结构化程序设计，可以使用顺序结构、选择结构和循环结构三种基本结构来描述具体的处理过程。

顺序结构是指程序中的语句完全按照其排列次序执行。本章主要介绍顺序结构程序的编写及一些常用的语句。

3.1 C语言的语句类型

C语言中的语句可以分成六种类型，即说明语句、表达式语句、函数调用语句、空语句、控制语句和复合语句。

1. 说明语句

说明语句是用于定义或声明变量、数组、类型以及函数原型的语句。

例如：

```
int a;
float x;
```

2. 表达式语句

表达式语句是在表达式之后加一个分号构成的语句。

例如：

```
a=a+1;
i++;
```

赋值语句是最常见的表达式语句。

3. 函数调用语句

函数调用语句是在函数调用之后加一个分号构成的语句。

例如：

```
printf("x=%d, y=%d\n",x,y);
scanf("%d%d",&x,&y);
```

4. 空语句

空语句是只由一个分号构成的语句。空语句不执行任何操作，通常用于一些特殊场合。

5. 控制语句

控制语句是用于控制程序执行流程的语句，如 if-else 语句、while 语句等。

6. 复合语句

复合语句是用一对花括号括起来的若干条语句。

例如：

```
{t=a;a=b;b=t;}
```

从语法作用上来说，一条复合语句视为一条语句。不过，复合语句的"}"后面不需要再添加分号。

3.2 变量的赋值和初始化

3.2.1 变量的赋值

赋值表达式的一般形式为

```
变量=表达式
```

其中，"="称为赋值运算符。

赋值表达式的功能是先求得赋值运算符右侧表达式的值，再将该值存入赋值运算符左侧的变量中。

例如：

```
a=3
a=a+1
```

可以出现在赋值运算符左侧的量，称为左值（L-value）。变量是最常见的左值。

作为一种表达式，赋值表达式也有自己的值。一个赋值表达式的值，其实就等于赋值运算符左侧变量的值。

【例 3.1】 赋值表达式的值示例。

```
#include <stdio.h>
int main(void)
{int a,b;
 a=3;
 printf("%d\n",b=a);    /*输出表达式 b=a 的值*/
 return 0;
}
```

程序运行结果：

```
3
```

赋值运算符右侧的表达式也可以是赋值表达式。

【例 3.2】 赋值运算符的结合性。

```
#include <stdio.h>
int main(void)
{int a,b,c;
 a=b=c=6;
 printf("a=%d,b=%d,c=%d\n",a,b,c);
 return 0;
}
```

该程序中的表达式 a＝b＝c＝6 等价于 a＝（b＝（c＝6））。可见，赋值运算符具有右结合性。

3.2.2 变量的初始化

在 C 语言中,允许在定义变量(为变量分配内存)的同时给变量赋值,称为变量的初始化。

【例3.3】 变量的初始化示例。

```
#include <stdio.h>
int main(void)
{int a=3,b=6;
 printf("a=%d,b=%d\n",a,b);
 return 0;
}
```

【例3.4】 变量的初始化错例。

```
#include <stdio.h>
int main(void)
{int a=b=c=6;
 printf("a=%d,b=%d,c=%d\n",a,b,c);
 return 0;
}
```

该程序运行时,将会出现变量 b、c 未定义的错误。因为对于这种格式,C 语言编译系统会认为变量 b、c 未经定义而直接引用。

正确的程序如下所示:

```
#include <stdio.h>
int main(void)
{int a=6,b=6,c=6;
 printf("a=%d,b=%d,c=%d\n",a,b,c);
 return 0;
}
```

3.3 数据的格式输出与格式输入

在顺序结构程序中,除了使用赋值语句进行计算处理之外,还会用到数据的输入和输出。在 C 语言中数据的输入与输出均是由库函数实现的。常用的输出与输入函数包括 printf 函数、scanf 函数、putchar 函数和 getchar 函数等。

在程序中调用输出与输入库函数时,应在程序的开头添加以下文件包含命令:

```
#include <stdio.h>
```

3.3.1 格式输出函数(printf 函数)

printf 函数用于按照指定的格式向标准输出设备(通常是显示器)输出数据。

1. printf 函数的一般形式

```
printf(格式控制字符串,输出项表)
```

其中,输出项表是若干要输出的数据项(可以是常量、变量或表达式),而格式控制字符串则用于规定输出项的输出格式。

【例3.5】 printf 函数示例。

```
#include <stdio.h>
```

```
int main(void)
{int a=100;
 float x=123.456;
 printf("a=%d,x=%f\n",a,x);
 return 0;
}
```

格式控制字符串中的字符包括以下两部分:

（1）格式说明，由"%"和格式说明字符组成，如%d、%f等，用于规定与之对应的数据项的输出格式。

如例3.5中的%d对应变量a，%f对应变量x。

（2）普通字符，是格式说明以外的字符，普通字符将原样输出。

如例3.5中的"a="、","、"x="和"\n"等都是普通字符。故例3.5的程序运行结果为

```
a=100,x=123.456001
```

2. 常用格式说明字符

1）d格式符

d格式符用于输出有符号十进制整数，包括以下几种用法：

（1）%d，按实际长度输出有符号十进制整数。

（2）%md，其中的m为正整数，用于指定输出位数。

【例3.6】 指定整数的输出位数。

```
#include <stdio.h>
int main(void)
{int a=123,b=123456;
 printf("%d,%d\n",a,b);
 printf("%4d,%4d\n",a,b);
 return 0;
}
```

程序运行结果:

```
123,123456
⌐123,123456
```

可见，当实际位数超过指定位数时，将按实际位数输出，指定位数不起作用，从而避免造成有效数据的丢失。

（3）%ld，用于输出 long int 型数据。

【例3.7】 输出长整型数据。

```
#include <stdio.h>
int main(void)
{long a=1234567890;
 printf("%ld\n",a);
 return 0;
}
```

（4）%hd，用于输出 short int 型数据。

2）f格式符

f格式符用于以十进制小数形式输出实数，包括以下几种用法。

（1）%f，用于输出 float 型或 double 型数据。整数部分按实际位数输出，并固定输出6

位小数。

【例 3.8】 实型数据的输出。

```
#include <stdio.h>
int main(void)
{float x=123.459;
 double y=1234567890.12345;
 printf("%f\n",x);
 printf("%f\n",y);
 return 0;
}
```

程序运行结果：

```
123.459000
1234567890.123450
```

（2）%m.nf，其中，m、n 均为非负整数。m 用于指定输出实数的总位数，n 用于指定输出实数的小数位数。

【例 3.9】 指定实数的输出位数和输出精度。

```
#include <stdio.h>
int main(void)
{float x=123.456;
 printf("%f\n",x);
 printf("%.2f\n",x);
 printf("%9.2f\n",x);
 printf("%6.4f\n",x);
 return 0;
}
```

程序运行结果：

```
123.456001
123.46
␣␣␣123.46
123.4560
```

可见，当实际位数超过指定的总位数时，按实际位数输出，指定的总位数不起作用，从而避免造成整数部分的有效数据丢失。

更多的 printf 函数格式符请参考表 3.1 和表 3.2。

表 3.1　printf 函数中常用的格式说明符

输出类型	格式说明符	说明
整型数据	%d（或%i）	以有符号十进制形式输出整型数
	%o	以无符号八进制形式输出整型数（不输出前导 0）
	%x（或%X）	以无符号十六进制形式输出整型数（不输出前导 0x）
	%u	以无符号十进制形式输出整型数
实型数据	%f	以小数形式输出单精度、双精度的实型数
	%e（或%E）	以指数形式输出单精度、双精度的实型数
字符型数据	%c	输出一个字符
	%s	输出一个字符串
其他	%%	输出字符 % 本身

表 3.2　printf 函数中常用的附加格式说明符

符号	说明
l	输出长整型数
h	输出短整型数
m	指定数据输出的宽度（域宽）
.n	对按%f 或%e 输出的实型数据，指定输出 n 位小数
+	使输出的数值数据无论正负都带符号输出
−	使数据在输出域内按左对齐方式输出

3. 字符串常量的输出

用 printf 函数输出字符串常量时，可以不使用格式控制字符，而直接输出字符串常量。

【例 3.10】　用 printf 函数输出字符串。

```
#include <stdio.h>
int main(void)
{printf("How are you?\n");
 printf("%s","How are you?\n");
 return 0;
}
```

程序运行结果：

```
How are you?
How are you?
```

可见，当输出字符串常量时，不显示作为定界符的双引号。

【例 3.11】　已知一年期存款的本金和年利率，若到期后将本息自动转存，编写程序求出存满 n 年的本息之和是多少。

编程思路：

这里实际上就是按复利计算利息，也就是将本期的利息自动转入下一期的本金中。因此，可以直接利用复利公式 $f = p(1+r)^n$ 求解。

源程序：

```
#include <stdio.h>
#include <math.h>
int main(void)
{float p,r,f;
 int n;
 printf("请输入本金、利率和年数：\n");        /*输出提示信息*/
 scanf("%f%f%d",&p,&r,&n);
 f=p*pow(1+r,n);                              /*存满 n 年的本息之和*/
 printf("本息之和=%.2f\n",f);
 return 0;
}
```

3.3.2　格式输入函数(scanf 函数)

scanf 函数用于从标准输入设备（通常是键盘）输入数据，并存入指定的变量中。

1. scanf 函数的一般形式

scanf(格式控制字符串、变量地址表)

例如：

scanf("%d%d",&a,&b);

其中，格式控制字符串用于规定变量的输入格式；变量地址表是若干存储数据变量的地址。该函数之所以用变量的地址作参数，是由 C 语言中参数的单向传递规则决定的。

2. 常用格式说明字符

1）d 格式符

d 格式符用于输入有符号十进制整数，包括%d、%ld、%hd，分别用于输入有符号十进制整数、长整数、短整数。

【例 3.12】 有符号十进制整数的输入与输出。

```
#include <stdio.h>
int main(void)
{int a;
 long b;
 short c;
 scanf("%d",&a);
 scanf("%ld",&b);
 scanf("%hd",&c);
 printf("%d\n",a);
 printf("%ld\n",b);
 printf("%hd\n",c);
 return 0;
}
```

2）f 格式符

f 格式符用于以十进制小数形式输入实数，包括以下几种用法。

（1）%f，用于输入 float 型实数。

（2）%lf，用于输入 double 型实数。

【例 3.13】 十进制小数形式实数的输入与输出。

```
#include <stdio.h>
int main(void)
{float x;
 double y;
 scanf("%f",&x);
 scanf("%lf",&y);
 printf("%f\n",x);
 printf("%f\n",y);
 return 0;
}
```

可见，输入 double 型数据时，必须使用 "%lf"。

其他常用的 scanf 函数格式符请参考表 3.3 和表 3.4。

表 3.3　scanf 函数中常用的格式说明符

输入类型	格式说明符	说明
整型数据	%d	输入十进制整型数
	%u	输入无符号十进制整型数
	%o	输入八进制整型数
	%x	输入十六进制整型数
实型数据	%f	输入小数形式的单精度实型数
	%e	输入指数形式的单精度实型数
字符型数据	%c	输入单个字符
	%s	输入一个字符串

表 3.4　scanf 函数中常用的附加格式说明符

符号	说明
l	输入长整型数或双精度实型数
h	输入短整型数

当使用 scanf 函数时，要注意以下几个问题。

（1）可以指定输入数据所占的宽度，但是不能指定输入数据的精度。

【例 3.14】　scanf 函数错例。

```
#include <stdio.h>
int main(void)
{float x,y,z;
 scanf("%6f",&x);        //正确
 scanf("%6.2f",&y);      //错误
 scanf("%6f",&z);        //正确
 printf("x=%.2f,y=%.2f,z=%.2f\n",x,y,z);
 return 0;
}
```

（2）scanf 函数格式控制字符串中的普通字符，必须原样输入。

【例 3.15】　不使用普通字符的 scanf 函数。

```
#include <stdio.h>
int main(void)
{int x,y;
 scanf("%d%d",&x, &y);
 printf("x=%d,y=%d\n",x,y);
 return 0;
}
```

程序运行时，应输入

3␣6

【例 3.16】　使用普通字符的 scanf 函数。

```
#include <stdio.h>
int main(void)
{int x,y;
 scanf("%d,%d",&x, &y);
```

C 语言程序设计新思路

```
  printf("x=%d,y=%d\n",x,y);
  return 0;
}
```

程序运行时，应输入

```
3,6
```

【例3.17】 使用普通字符的 scanf 函数。

```
#include <stdio.h>
int main(void)
{int x,y;
 scanf("x=%d,y=%d",&x, &y);
 printf("x=%d,y=%d\n",x,y);
 return 0;
}
```

程序运行时，应输入

```
x=3,y=6
```

（3）scanf 函数本身并不能显示输入提示信息，而只能借助 printf 函数显示。

【例3.18】 为 scanf 函数添加输入提示信息。

```
#include <stdio.h>
int main(void)
{int x,y;
 printf("x=");
 scanf("%d",&x);
 printf("y=");
 scanf("%d",&y);
 printf("x=%d,y=%d\n",x,y);
 return 0;
}
```

（4）在 scanf 函数的格式控制字符串的末尾，不能添加 "\n"，否则运行时不能正常退出。

【例3.19】 scanf 函数错例。

```
#include <stdio.h>
int main(void)
{int x,y;
 scanf("%d%d\n",&x, &y);
 printf("x=%d,y=%d\n",x,y);
 return 0;
}
```

其中，语句 scanf ("%d%d\n",&x, &y);虽然算不上有语法错误，但是该语句运行时不能正常退出。

【例3.20】 已知一元二次方程 $ax^2+bx+c=0$ 的系数 a、b、c 的值，设 $b^2-4ac \geqslant 0$ 且 $a \neq 0$，编写程序求该方程的根。

编程思路：

不能通过直接将方程式写在程序中来求解方程。可以利用一元二次方程的求根公式，分别求解该方程的两个根。

源程序：

```
#include <stdio.h>
#include <math.h>
int main(void)
{float a,b,c,p,q,x1,x2;
 printf("请输入三个系数的值：\n");
 scanf("%f%f%f",&a,&b,&c);
 p=-b/(2*a);                   /*分步计算，避免重复性计算*/
 q=sqrt(b*b-4*a*c)/(2*a);      /*不要丢失乘号和括号*/
 x1=p+q;
 x2=p-q;
 printf("x1=%f,x2=%f\n",x1,x2);
 return 0;
}
```

3.4 字符型数据的输出与输入及混合运算

在 C 语言中，有两个专门用于输入和输出字符型数据的库函数 getchar 函数和 putchar 函数。同时，也可以利用 scanf 函数和 printf 函数输入和输出字符型数据。

3.4.1 字符输出函数(putchar 函数)

putchar 函数的功能是向标准输出设备输出一个字符。其一般形式为

```
putchar(字符型数据)
```

【例 3.21】 用 putchar 函数输出字符型数据。

```
#include <stdio.h>
int main(void)
{char ch='x';
 putchar(ch);
 putchar('a');
 putchar('\n');
 return 0;
}
```

3.4.2 字符输入函数(getchar 函数)

getchar 函数的功能是从标准输入设备输入一个字符，并将该字符作为函数的返回值。其一般形式为

```
getchar()
```

【例 3.22】 字符型数据的输入与输出。

```
#include <stdio.h>
int main(void)
{char ch;
 ch=getchar();
 putchar(ch);
```

```
    putchar('\n');
    return 0;
}
```

3.4.3 字符的格式输出与格式输入

可以利用 printf 函数进行字符的格式输出，利用 scanf 函数进行字符的格式输入，相应的格式字符均为%c。

【例 3.23】 字符的格式输入与格式输出示例。

```
#include <stdio.h>
int main(void)
{int a;
 char c1,c2;
 scanf("%d%c%c",&a, &c1,&c2);
 printf("a=%d,c1=%c,c2=%c\n",a,c1,c2);
 return 0;
}
```

该程序运行时，若输入 100⌴x⌴y，则程序运行结果为

```
a=100,c1= ,c2=x
```

若输入 100xy，则程序运行结果为

```
a=100,c1=x,c2=y
```

可见,用 scanf 函数或 getchar 函数输入字符型数据时,每个字符之前不需要添加分隔符。

3.4.4 字符型数据与整型数据的混合运算

为了便于字符型数据的处理，C 语言规定字符型数据可以与整型数据进行混合运算。

【例 3.24】 将整数赋给字符型变量。

```
#include <stdio.h>
int main(void)
{char ch;
 ch=97;
 printf("%c\n",ch);
 printf("%d\n",ch);
 return 0;
}
```

程序运行结果：

```
a
97
```

此程序中的 ch 为字符型变量，当将整数 97 赋给 ch 时，ch 中存储的是 97 的二进制形式 01100001，与字符'a'的二进制 ASCII 码相同。故以 "%c" 格式符输出时，将输出字符 a；而以 "%d" 格式符输出时，将输出其十进制 ASCII 码值 97。

【例 3.25】 从键盘输入一个大写字母，将其转换为相应的小写字母并输出。

编程思路：

（1）可以将一个字符型数据直接与整数相加减，本质上是将字符的 ASCII 码作为一个整数使用。

（2）一个大写字母的 ASCII 码加上 32，恰好等于相应的小写字母的 ASCII 码；而一个

小写字母的 ASCII 码减去 32，恰好等于相应的大写字母的 ASCII 码。

源程序：

```
#include <stdio.h>
int main(void)
{char ch;
 printf("请输入一个大写字母：");
 ch=getchar();
 ch=ch+32;
 printf("转换后的字符=%c\n",ch);
 return 0;
}
```

可见，利用字符型数据可以与整型数据混合运算的特点，能够很方便地实现字母的大小写转换。由于字符型数据可以当作整数使用，故字符型数据又可以分为无符号字符型和有符号字符型。

无符号字符型 unsigned char：取值为 0～255；

有符号字符型[signed] char：取值为–128～+127。

3.5　顺序结构程序举例

【例 3.26】　已知平面上两点的直角坐标值，编写程序计算这两点之间的距离。

编程思路：

根据平面上两点之间的距离公式，并利用 C 语言中的数学库函数即可求得。

源程序：

```
#include <stdio.h>
#include <math.h>
int main(void)
{float x1,y1,x2,y2,d;
 scanf("%f%f%f%f",&x1,&y1,&x2,&y2);
 d=sqrt(pow(x1-x2,2)+pow(y1-y2,2));
 printf("两点之间距离=%f\n",d);
 return 0;
}
```

【例 3.27】　已知地球的赤道半径为 6377.830km，并已知位于东半球赤道上两点的经度值（单位为度），编写程序计算这两点之间的球面距离。

编程思路：

在赤道上两点之间的球面距离，就是这两点之间劣弧的长度。根据弧长公式，首先求出两点之间圆心角的大小（单位为弧度），然后乘以赤道半径即可。

源程序：

```
#include <stdio.h>
#include <math.h>
#define PI 3.14159
int main(void)
{float r,a,b,t,arc;
```

```
r=6377.830;
printf("请输入东半球两点的经度值(单位为度)：\n");
scanf("%f%f",&a,&b);
t=fabs(a-b);
t=t/180*PI;            /*角度转换为弧度*/
arc=t*r;
printf("两点之间的球面距离=%f 千米\n",arc);
return 0;
}
```

3.6　拓展：赋值运算中的类型转换

在 C 语言中，若两种类型的数据之间可以直接相互赋值，则称为赋值兼容。例如，整型、实型及字符型之间是赋值兼容的。当赋值运算符两侧的数据类型不一致时，将会依据左侧变量的类型，自动对右侧表达式的值进行类型转换。

以下是三种最常用的赋值转换。

3.6.1　实型数据赋给整型(或字符型)变量

当实型数据赋给整型（或字符型）变量时，将会对实型数据进行截断取整。

【例 3.28】　实型数据赋给整型变量。

```
#include <stdio.h>
int main(void)
{int a;
 a=3.5678;
 printf("a=%d\n",a);
 return 0;
}
```

程序运行结果：

```
a=3
```

3.6.2　整型(或字符型)数据赋给实型变量

当整型（或字符型）数据赋给实型变量时，将会把整型（或字符型）数据转换为实数格式并存入实型变量中。

【例 3.29】　整型数据赋给实型变量。

```
#include <stdio.h>
int main(void)
{float x;
 x=99;
 printf("x=%f\n",x);
 return 0;
}
```

程序运行结果：

```
x=99.000000
```

3.6.3 整型数据赋给类型不同的等长整型变量

当整型数据赋给类型不同但内存位数相同的整型变量时,将会按该数据的内部形式原样传送。

【例 3.30】 整型数据赋给类型不同的等长整型变量。

```
#include <stdio.h>
int main(void)
{unsigned short a;
 short int b;
 b=-1;
 a=b;
 printf("a=%hu\n",a);   /*%hu用于输出无符号短整型数据*/
 return 0;
}
```

程序运行结果:

```
a=65535
```

为什么会是这个结果呢? 这是因为变量 b 为有符号短整数,故其内部形式为补码,即 1111 1111 1111 1111。将变量 b 的值赋给变量 a 之后,变量 a 的内部形式也是 1111 1111 1111 1111。但因为变量 a 为无符号短整数,故其十进制真值为 65535。

第4章 选择结构程序设计

选择结构程序（分支结构程序），是指可以根据不同的条件有选择地（有条件地）执行程序中的语句。要实现这种选择结构有两个前提：一是能够在程序中表示条件；二是有实现选择的语句。

在 C 语言中通常使用关系表达式或逻辑表达式来表示条件，使用 if 语句和 switch 语句来实现分支选择。

4.1 关系表达式与逻辑表达式

4.1.1 关系表达式

1. 关系运算符

关系运算就是对两个数据之间大小关系的一种断言。可见，关系运算的结果是一个逻辑值。若断言成立，则关系运算的结果为"真"，否则为"假"。例如，5<=5 的结果为"真"，而 5>5 的结果为"假"。

在 C 语言中有 6 种关系运算符，如表 4.1 所示。需要注意，有的关系运算符与数学中的写法不同。

表 4.1 关系运算符及其含义

关系运算符	含义
<	小于
<=	小于或等于
>	大于
>=	大于或等于
==	等于
!=	不等于

表 4.1 中前四种关系运算符（<、<=、>、>=）的优先级高于后两种关系运算符（==、!=）。关系运算符优先级的详细情况可以查看本书的附录 C。

2. 关系表达式

用关系运算符将运算量连接起来构成的表达式，称为关系表达式。例如：

```
a>=b
a%2==0
a%2!=0
```

关系表达式的运算结果是一个逻辑值，即"真"（true，T）或者"假"（false，F）。但是 C 语言中没有逻辑型数据，故借用整数 1 代表"真"、0 代表"假"。

【例 4.1】 输出关系表达式的值。

```
#include <stdio.h>
int main(void)
{int a=3,b=2,c=1;
 printf("%d\n",a>b);
 printf("%d\n",a%2==0);
 printf("%d\n",c!=c<a);
 printf("%d\n",a>b>c);
 return 0;
}
```

程序运行结果:

```
1
0
0
0
```

在表达式 a%2==0 中，先求 a%2，结果为 1；再求 1==0，结果为 0（假）。在表达式 c!=c<a 中，根据优先级，先求 c<a，结果为 1（真）；再求 c!=1，结果为 0（假）。在表达式 a>b>c 中，先求 a>b，结果为 1（真）；再求 1>c，结果为 0（假）。

可见，C 语言中的表达式 a>b>c 与数学中的 a>b>c 的含义是完全不同的。

4.1.2 逻辑表达式

1. 逻辑运算符

关系表达式通常只能表示单一的条件，若要表示复合的条件，则需要使用逻辑表达式。例如，在 C 语言中条件"x>0 并且 x<10"不能表示为 0<x<10，而应当使用逻辑表达式。要构成逻辑表达式，需要使用逻辑运算符，在 C 语言中有三种逻辑运算符，如表 4.2 所示。

表 4.2 逻辑运算符及其含义

逻辑运算符	含义
&&	逻辑与
||	逻辑或
!	逻辑非

三种逻辑运算符的功能，可以用逻辑运算的真值表表示，如表 4.3 所示。显然，逻辑运算的结果仍然是一个逻辑值。

表 4.3 逻辑运算的真值表

a	b	a&&b	a||b	!a
真	真	真	真	假
真	假	假	真	假
假	真	假	真	真
假	假	假	假	真

在三种逻辑运算符中，逻辑非的优先级最高，逻辑与次之，逻辑或最低。有关逻辑运算符优先级的详细情况可以查看本书的附录 C。

例如：

a>b||c>d&&x>y 等价于（a>b）||（（c>d）&&（x>y））

!a||a>b 等价于（!a）||（a>b）

2. 逻辑表达式

由逻辑运算符将运算量连接起来构成的表达式称为逻辑表达式。

例如，在当今的格里高利历法中，置闰规则是 400 年 97 闰；满足以下两个条件之一的年份即为闰年：①能被 4 整除，但不能被 100 整除的年份；②能被 400 整除的年份。

上述两个条件可用逻辑表达式（year%4==0）&&（year%100!=0）||（year%400==0）来表示，其中 year 为年份。

需要注意，在 C 语言中，"x 的值介于 1～10"不能用关系表达式 1<=x<=10 表示。实际上，此处"x 的值介于 1～10"是两个条件，故应使用逻辑表达式 x>=1&&x<=10 来表示。

3. 逻辑量

可以参与逻辑运算的量，称为逻辑量。C 语言中的逻辑量可以分为常规逻辑量和扩展逻辑量两种。

常规逻辑量包括：①逻辑常量，即 1 和 0；②逻辑变量，即用于存储逻辑常量的变量；③结果是逻辑值的表达式，包括关系表达式、逻辑表达式等。

C 语言为了提高编程的灵活性，大大扩展了逻辑量的范畴，允许任意整型、实型、字符型、枚举型和指针型的数据（或表达式）参与逻辑运算。不妨将这些类型的数据（或表达式）称为扩展逻辑量。同时规定，只要扩展逻辑量的值为非 0，就看作"真"；只要扩展逻辑量的值为 0，就看作"假"。

【例 4.2】 逻辑运算量的扩展示例。

```
#include <stdio.h>
int main(void)
{int a=4;
 float b=5.0;
 printf("%d\n",!a);              // a 的值为非 0，看作真，故!a 为 0
 printf("%d\n",'a'+'b'||'c');
 printf("%d\n",a&&'0');          // '0'为非 0，因为其 ASCII 码为 48
 printf("%d\n",b&&'\0');         // '\0'为 0，因为其 ASCII 码为 0
 return 0;
}
```

程序运行结果：

```
0
1
1
0
```

几点说明：

（1）关系运算或逻辑运算的结果称为逻辑值，逻辑值只能是 1（真）或 0（假）。

（2）参与逻辑运算的量称为逻辑量。若逻辑量的值为非 0，则看作真；若逻辑量的值为 0，则看作假。

4. 逻辑运算的"短路"

在对逻辑表达式"表达式 1&&表达式 2"求值时，若表达式 1 的值为 0，则整个表达式的值必定为 0，因此不必再对表达式 2 进行求值。同样地，在对逻辑表达式"表达式 1||表达式 2"求值时，若表达式 1 的值为 1，则整个表达式的值必定为 1，因此不必再对表达式 2 进行求值。这种求值方式称为逻辑运算的"短路"。

【例 4.3】 逻辑运算的短路示例。

```c
#include <stdio.h>
int main(void)
{int a=1,b=2,c=3,d=4,p=1,q=1,r;
 r=(p=a>b)&&(q=c>d);
 printf("p=%d,q=%d,r=%d\n",p,q,r);
 return 0;
}
```

程序运行结果：

```
p=0,q=1,r=0
```

在对表达式（p=a > b）&&（q =c>d）求值时，首先求得 p = a>b 的值为 0，从而整个表达式的值即可确定为 0，因此无须再对 q = c>d 求值，故 q 的值不变。

4.2 算法及其表示

在解决比较复杂的问题时，应当首先确定相应的算法。算法，是指解题方案准确而完整的描述，是一系列解决问题的清晰指令。算法代表着用系统的方法描述解决问题的策略机制。

4.2.1 简单算法举例

【例 4.4】 已知两个整型变量 a 和 b 的值，求出其中的较大数并输出。

问题分析：

这是一个数值计算问题。可以通过比较变量 a 和 b 的大小，求得最大值。

编程思路：

S1：输入变量 a 和 b 的值。

S2：如果 a≥b，则 a ⇒max。

S3：否则 b ⇒max。

S4：输出 max 的值。

4.2.2 算法的表示

描述算法的工具有许多种，常用的有自然语言、伪代码、流程图、N-S 图与 PAD 图等。

1. 用自然语言表示算法

自然语言就是人们日常使用的语言，可以是汉语、英语等。例 4.4 中的算法就是用自然语言表示的。用自然语言表示的算法，通俗易懂，但容易出现歧义。因此，一般很少使用自然语言描述算法。

2. 用流程图表示算法

流程图是对算法的一种图形化表示，用一系列规定的图形、流程线及文字说明来表示算法中的基本操作和控制流程。其优点是直观形象、简洁易懂。表 4.4 中列出常用标准流程图符号。

表 4.4 常用标准流程图符号

符号名称	符号	功能
起止框		表示算法的开始和结束
输入/输出框		表示算法的输入/输出操作，框内填写需输入或输出的项
处理框		表示算法中的各种处理操作，框内填写处理说明或算式
判断框		表示算法中的条件判断操作，框内填写判断条件
流程线		表示算法的执行方向
连接点		表示流程图的延续

【**例 4.5**】 将例 4.4 中的算法改用流程图表示。

将例 4.4 中的算法用流程图表示如图 4.1 所示。

3. 用 N-S 图表示算法

在使用流程图的过程中，人们发现流程线并不是必需的，有时候甚至是有害的。为此，人们设计了一种新的流程图，将整个算法写在一个大的方框内，而这个大的方框又由若干小的基本方框构成。这种流程图称为 N-S 图，也称为盒图。

【**例 4.6**】 将例 4.4 中的算法改用 N-S 图表示。

例 4.4 中的算法用 N-S 图表示如图 4.2 所示。

图 4.1 求两个数中较大数的流程图

图 4.2 求两个数中较大数的 N-S 图

4.3 if 语句

if 语句是专门用于实现选择结构的语句，它能根据条件的真假选择执行两种处理中的一种。

4.3.1 if 语句的两种基本形式

1. 标准 if-else 语句

一般形式：

```
if(表达式)
    单条语句 1
else
    单条语句 2
```

图 4.3 标准 if-else 语句执行
流程图

其中，语句 1 称为 if 子句；语句 2 称为 else 子句。

该语句的功能是：若表达式的值为非 0，则执行语句 1；否则，执行语句 2。其执行流程图如图 4.3 所示。

例如：

```
if(a>=b)
    max=a;
else
    max=b;
```

if 之后的表达式一般为关系表达式或逻辑表达式。

【例 4.7】 从键盘输入两个整数，求出其中的较大数并输出。

算法流程图如图 4.1 所示。

源程序：

```
#include <stdio.h>
int main(void)
{int a, b,max;
 printf("请输入两个整数(用空格分隔)\n");
 scanf("%d%d",&a,&b);
 if(a>=b)
    max=a;
 else
    max=b;
 printf("较大数为%d\n",max);
 return 0;
}
```

【例 4.8】 编写程序实现：输入一个年份，判断是否是闰年。

编程思路：

根据 4.1.2 节中所述闰年的条件可以画出算法流程图，如图 4.4 所示。

源程序：

```
#include <stdio.h>
int main(void)
{int year;
 printf("请输入一个年份: ");
 scanf("%d",&year);
 if((year%4==0)&&(year%100!=0)||(year%400==0))
    printf("%d 是闰年\n",year);
```

```
else
  printf("%d 不是闰年\n",year);
return 0;
}
```

图 4.4　判断闰年的算法流程图

　　此处应注意，表示闰年条件的表达式中运算符的优先顺序，可以通过适度添加括号以明确运算符的优先次序并改善代码的可读性。

　　2. 不带 else 的 if 语句

　　一般形式：

```
if(表达式)
    单条语句
```

　　该语句的功能是：若表达式的值为非 0，则执行其后的语句，然后执行 if 语句的后继语句；否则，直接执行 if 语句的后继语句。其执行流程图如图 4.5 所示。

　　【例 4.9】　已知符号函数 $f(x)=\begin{cases}-1, & x<0\\0, & x=0\\1, & x>0\end{cases}$，编写程序，输入一个 x 值，求 $f(x)$ 的值。

图 4.5　不带 else 的 if 语句执行流程图

　　编程思路：

　　这是一个多分支问题，可以使用不带 else 的 if 语句对每种情况进行判断，并分别进行相应的处理。符号函数算法流程图如图 4.6 所示。

　　源程序：

```
#include <stdio.h>
int main(void)
{float x;
 int y;    //注意不能直接用 f(x)作为变量名
 printf("请输入一个实数 x:\n");
 scanf("%f",&x);
 if(x<0)   //平行 if 结构
   y=-1;
 if(x==0)
```

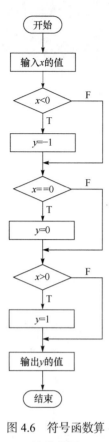

图 4.6 符号函数算
法流程图

```
  y=0;
 if(x>0)
  y=1;
 printf("y=%d\n",y);
 return 0;
}
```

几点说明：

（1）if 之后的表达式除了可以是关系表达式或逻辑表达式之外，还可以是任意的结果类型为整型、实型、字符型、枚举型或指针型的表达式。而且，只要表达式的值为非 0，就看作真；只要表达式的值为 0，就看作假。例如，if（x）等价于 if（$x!=0$），而 if（!x）等价于 if（$x==0$）。

（2）在判断相等时，要使用等于运算符 "=="，而不要误用赋值运算符 "="。例如，不管变量 a 取何值，if（a = 1）中的条件始终为真；而 if（a = 0）中的条件始终为假。

（3）if 子句和 else 子句只能是语法意义上的单条语句。若需要多条语句，则应使用花括号将这些语句括起来，从而构成一条复合语句。

例如：

```
if(a>b)
{t=a;
 a=b;
 b=t;
}
```

此处的三条语句作为一个整体，或者都执行，或者都不执行。

4.3.2 if 语句的嵌套

如果在一个 if 语句中，又包含了另外的 if 语句，则称为 if 语句的嵌套。嵌套 if 语句通常用于处理多分支选择程序。其一般形式如下：

```
if(表达式1)
    if(表达式2)   语句1
    else          语句2          } 内嵌 if 语句
else
    if(表达式3)   语句3
    else          语句4          } 内嵌 if 语句
```

此处的内嵌 if 语句为什么没有用花括号括起来呢？这是因为内嵌 if 语句本身就是一个整体，所以可以不用花括号括起来。

在嵌套的 if 语句中，要特别注意 else 与 if 的配对关系。else 总是与它前面最近的、同层次且尚未配对的 if 配对，而与缩进格式无关。

例如：

```
if(表达式1)
    if(表达式2) 语句1
else
    语句2
```

这种写法并不能使得 else 与第一个 if 配对，而是仍与第二个 if 配对。不过可以使用花括号来改变 else 与 if 之间的配对关系。

例如：

```
if(表达式 1)
    {if(表达式 2)语句 1}
else  语句 2
```

使用这种写法即可明确表示 else 与第一个 if 配对。

【例 4.10】 已知符号函数 $f(x) = \begin{cases} -1, & x < 0 \\ 0, & x = 0 \\ 1, & x > 0 \end{cases}$，使用嵌套的 if 语句编写程序，输入一个 x 值，求 $f(x)$ 的值。

编程思路：

使用一条标准的 if-else 语句只能实现双分支结构，而对于多分支结构则可以采用嵌套的 if 语句来实现。

符号函数的嵌套 if 语句算法流程图如图 4.7 所示。

```
源程序：
#include <stdio.h>
int main(void)
{
float x;
int y;
printf("请输入一个实数 x:\n");
scanf("%f",&x);
if(x<0)
    y=-1;
else
    if(x==0)   //内嵌的 if 语句
      y=0;
    else
      y=1;
printf("y=%d\n", y);
return 0;
}
```

图 4.7　符号函数的嵌套 if 语句算法流程图

【例 4.11】 编写程序实现：从键盘输入年份和月份，求出该月份的天数并输出。

编程思路：

除了二月份之外，每个月的天数是固定不变的；而二月份的天数则会受到闰年或平年的影响。因此，可以首先判断月份，并确定二月份以外月份的天数；若是二月份，再判断年份是否是闰年，并确定天数。

源程序：

```
#include <stdio.h>
int main(void)
{int y,m,days;
 printf("请输入年份和月份: ");
 scanf("%d%d",&y,&m);
```

```
    if((m==1)||(m==3)||(m==5)||(m==7)||(m==8)||(m==10)||(m==12))
      days=31;
    else if((m==4)||(m==6)||(m==9)||(m==11))
      days=30;
    else if(m==2)              /*若是二月份，则需要区分闰年与平年*/
      if((y%4==0)&&(y%100!=0))||(y%400==0))
        days=29;
      else
        days=28;
    printf("该月份的天数=%d\n",days);
    return 0;
}
```

需要注意，若将该程序中的条件（m==1）||（m==3）||（m==5）||（m==7）||（m==8）||（m==10）||（m==12）误写为 m==1||3||5||7||8||10||12，则程序运行结果永远是：该月份的天数=31。你能分析出其中的原因吗？

4.3.3 嵌套 if 结构与平行 if 结构的区别

在嵌套 if 结构中，if 语句相互嵌套，有内外层之分。内嵌的 if 语句是否执行，要由外层 if 语句中的条件决定。

例如：

```
if(x<0)
  y=-1;
else
  if(x==0)
    y=0;
  else
    y=1;
```

显然，在该例中只有当外层 if 语句中的条件为假时，才会执行内嵌的 if 语句。而在平行 if 结构中，if 语句相互并列、互不嵌套，不管前边 if 语句中的条件是真是假，后面的 if 语句都要执行。

例如：

```
if(x<0)
  y=-1;
if(x==0)
  y=0;
if(x>0)
  y=1;
```

由此可见，如果不期望后边 if 语句的执行受前边 if 语句中判断的影响，则应该构成平行 if 结构，否则应该构成嵌套 if 结构。

下面程序中的 if 结构是错误的，你能分析其中的原因吗？

```
#include <stdio.h>
int main(void)
{int x,y;
 scanf("%d",&x);
```

```
if(x<0)
  y=-1;
if(x==0)
  y=0;
else
  y=1;
printf("y=%d\n",y);
return 0;
}
```

4.4 混合运算与强制类型转换

4.4.1 混合运算

在 C 语言中，整型、实型、字符型数据之间可以进行混合运算。此时，将字符型数据的 ASCII 码作为一个整数使用，如 4.0/3+'a'。

当两个不同类型的数据进行混合运算时，首先要将其中取值范围较小的类型转换为取值范围较大的类型，然后进行运算。而当两个字符型的数据进行运算时，首先要转换为 int 型，然后进行运算。这种类型转换是系统自动进行的，故称为自动类型转换。

例如：

4.0/3=1.333333

'a'+'c'=196

4.4.2 强制类型转换

除了自动类型转换之外，C 语言还允许通过类型转换运算符来实现强制类型转换。其一般形式为

```
(类型说明符) 表达式
```

其功能是把表达式的运算结果强制转换为类型说明符所表示的类型。其中，"类型说明符"称为强制类型转换运算符。

例如：

```
(int)(x+y)
(int)x+y
```

【例 4.12】 已知球体的半径，编写程序计算其体积。

源程序：

```
#include <stdio.h>
#define  PI 3.14159
int main(void)
{float r,v;
 scanf("%f",&r);
 v=(float)4/3*PI*r*r*r;
 printf("v=%f\n",v);
 return 0;
}
```

4.5　switch 语句

除了可以用 if 语句实现多分支选择结构之外，C 语言还提供了专门用于实现多分支选择结构的 switch 语句。不过由于 switch 语句的功能相对较弱，有些多分支选择结构仍需要用 if 语句来实现。

switch 语句的一般形式如下：

```
switch(控制表达式)
{
  case 常量表达式 1：语句序列 1
  case 常量表达式 2：语句序列 2
  ……
  case 常量表达式 n：语句序列 n
  default：语句序列 n+1
}
```

其中，switch 之后的控制表达式只能是整型、字符型或枚举型的表达式。

switch 语句的功能：

（1）首先求出控制表达式的值，然后依次与每个 case 之后的常量表达式的值比较。

（2）若二者相等，则执行相应 case 之后的语句序列，直至 switch 语句体结束或者遇到 break 语句跳出 switch 语句体。

（3）如果没有与之相等的常量表达式，并有 default 标号，则执行 default 标号之后的语句序列，直至 switch 语句体结束或者遇到 break 语句跳出 switch 语句体；若无 default 标号，则直接跳出 switch 语句体。

switch 语句执行流程图如图 4.8 所示。

图 4.8　switch 语句执行流程图

【例 4.13】　switch 语句示例。

```
#include <stdio.h>
int main(void)
{int a;
 scanf("%d",&a);
```

```
switch(a)
  {case 0:printf("zero\n");
   case 1:printf("one\n");break;
   case 2:printf("two\n");break;
   case 3:printf("three\n");break;
   default:printf("other\n");
  }
 return 0;
}
```

该程序运行时，若输入 0，则程序运行结果：

```
zero
one
```

这是因为在 case 0 之后没有 break 语句，导致继续执行 case 1 之后的语句序列，直至遇到 break 语句跳出 switch 语句体。

可见，一旦找到匹配的 case 标号，将不再判断后续的 case 标号是否匹配，何时跳出 switch 语句体，完全由 break 语句的位置决定。

【例 4.14】 用 switch 语句编写程序实现：从键盘输入年份和月份，求出该月份的天数并输出。

编程思路：

首先用 switch 语句判断月份，并确定二月份以外月份的天数；若是二月份，再判断年份是否是闰年，并确定天数。

源程序：

```
#include <stdio.h>
int main(void)
{int y,m,days;
 printf("请输入年份和月份: ");
 scanf("%d%d",&y,&m);
 switch(m)
  {case  1:
   case  3:
   case  5:
   case  7:
   case  8:
   case  10:
   case  12:days=31;break;
   case  4:
   case  6:
   case  9:
   case  11: days=30;break;
   case  2:if((y%4==0)&&(y%100!=0)||(y%400==0))
              days=29;
           else
              days=28;
  }
 printf("该月份的天数=%d\n",days);
```

```
  return 0;
}
```

在该程序的 switch 语句中，通过多个 case 标号共用同一组语句，使程序得以精简。

【例 4.15】 输入一个百分制整数分数，求出对应的等级分。二者对应关系如表 4.5 所示。

表 4.5　分数与等级的对应关系

分数	[90,100]	[80,90)	[70,80)	[60,70)	[0,60)
等级	A	B	C	D	E

编程思路：

此处显然应根据百分制分数进行分支选择，即应该采用 switch（score）这种形式。由于每个等级分对应于一个分数段，因此可以写出如下的源程序。

```
#include <stdio.h>
int main(void)
{int score;
 char g;
 printf("请输入一个百分制整数分数: ");
 scanf("%d",&score);
 switch(score)
   {case score>=90:g='A';break;
    case score>=80:g='B';break;
    case score>=70:g='C';break;
    case score>=60:g='D';break;
    default:g='E';
   }
 printf("等级分=%c\n",g);
 return 0;
}
```

该程序编译时，会提示 case score>=90 这种形式存在语法错误。这是由于 C 语言规定，case 之后的表达式中不能出现变量名，而只能是常量表达式；而且只能对 switch 之后的控制表达式与 case 之后的常量表达式进行相等判断。这也正是 switch 语句功能相对较弱的原因所在。

当然，采用

```
case 100:
case 99:
……
case 0:
```

这种写法在语法上是完全正确的；只不过过于烦琐，而令人难以接受。那么，有没有办法可以简化程序呢？解决的方法，就是通过一种变换将 101 个分数映射为少量的几个整数。例如，可以用 score 整除 10 将 101 个分数转化为 0~10 的 11 个整数。然后，就可以使得每个整数对应一个 case 分支了。

修正之后的源程序：

```
#include <stdio.h>
int main(void)
{int score;
```

```
char g;
printf("请输入一个百分制整数分数：");
scanf("%d",&score);
switch(score/10)
  {case 10:
  case 9 : g='A';break;
  case 8 : g='B';break;
  case 7 : g='C';break;
  case 6 : g='D';break;
  case 5 :
  case 4 :
  case 3 :
  case 2 :
  case 1 :
  case 0 : g='E';break;
  }
printf("等级分=%c\n",g);
return 0;
}
```

上述程序中的百分制分数仅限于整数，而现实中的分数还可以是实数。如果 score 是一个实型变量，将不能直接利用表达式 score/10 来实现从分数区间向某一整数的转换。不过，可以借助强制类型转换，先将实型数据转化为整型数据，再利用整除进行区间转换即可。

下面是相应的源程序：

```
#include <stdio.h>
int main(void)
{float score;
 char g;
 printf("请输入一个百分制分数(允许是实数)：");
 scanf("%f",&score);
 switch((int)score/10)
  {case 10:
  case 9 : g='A';break;
  case 8 : g='B';break;
  case 7 : g='C';break;
  case 6 : g='D';break;
  case 5 :
  case 4 :
  case 3 :
  case 2 :
  case 1 :
  case 0 : g='E';break;
  }
printf("等级分=%c\n",g);
return 0;
}
```

4.6　选择结构程序举例

【例 4.16】　假定个人所得税税率如表 4.6 所示。编写程序根据个人的月收入计算出相应的个人所得税。

表 4.6　个人所得税税率

级数	月收入区间/元	税率/%
1	(0, 5000]	0
2	(5000, 8000]	3
3	(8000, 17000]	10
4	>17000	20

编程思路：

该问题也是一个多路分支问题，仍然可以使用嵌套的 if 语句来编写程序。要特别注意，对于各个收入区间要分段计算税额。例如，若某人月收入为 10000 元，则 5000 元以内不交税，5000～8000 元按 3%税率计税，8000～10000 元按 10%税率计税。

源程序：

```c
#include <stdio.h>
int main(void)
{
 double x,tax;
 printf("请输入您的月收入(元)：");
 scanf("%lf",&x);
 if(x<=5000)
    tax=0;
 else if(x<=8000)
    tax=(x-5000)*0.03;
 else if(x<=17000)
    tax=(8000-5000)*0.03+(x-8000)*0.1;
 else
    tax=(8000-5000)*0.03+(17000-8000)*0.1+(x-17000)*0.2;
 printf("您的个人所得税=%.2f元\n",tax);
}
```

该程序也可以采用平行 if 结构实现，相应的源程序如下：

```c
#include <stdio.h>
int main(void)
{
 float x,tax;
 printf("请输入您的月收入(元)：");
 scanf("%f",&x);
 if(x<=5000)
    tax=0;
 if(x>5000 && x<=8000)
    tax=(x-5000)*0.03;
 if(x>8000 && x<=17000)
```

C
语
言
程
序
设
计
新
思
路

```
  tax=(8000-5000)*0.03+(x-8000)*0.1;
 if(x>17000)
   tax=(8000-5000)*0.03+(17000-8000)*0.1+(x-17000)*0.2;
 printf("您的个人所得税=%.2f 元\n",tax);
}
```

比较以上两种写法可以发现，从程序的执行效率方面来说，嵌套的 if 结构效率更高。因为在平行的 if 结构中，每一个 if 条件都要进行判断；而在嵌套的 if 结构中，往往只需要判断其中的一部分条件。

【例 4.17】 已知一元二次方程 $ax^2+bx+c=0$ 的系数 a、b、c 的值，编写程序求方程的根。

编程思路：

（1）首先求出 b^2-4ac 的值。若 $b^2-4ac>=0$，则根据求根公式计算两个实根；若 $b^2-4ac<0$，则根据求根公式计算两个共轭复根。

（2）由于 C 语言中并没有复数这种类型，只能通过分别输出实数部分和虚数部分，并添加虚数的单位 i 来表示复数。

源程序：

```
#include <stdio.h>
#include <math.h>
int main(void)
{float a,b,c,d,p,q,x1,x2;
 printf("请输入一元二次方程系数 a、b、c 的值：");
 scanf("%f%f%f",&a,&b,&c);
 d=b*b-4*a*c;
 p=-b/(2*a);
 if(d>=0)
   {q=sqrt(d)/(2*a);
    x1=p+q;
    x2=p-q;
    printf("方程式有两个实根：\n");
    printf("x1=%f\nx2=%f\n",x1,x2);
   }
 else
   {q=sqrt(-d)/(2*a);
    printf("方程式有一对共轭复根：\n");
    printf("x1=%f+%fi\n",p,q);
    printf("x2=%f-%fi\n",p,q);
   }
 return 0;
}
```

4.7 拓展：条件表达式与 goto 语句

4.7.1 条件表达式

在 C 语言中，使用条件运算符（?:）也能实现简单的选择结构。条件运算符有三个运算对象，是 C 语言中唯一的一个三目运算符。

图 4.9 条件表达式的求值过程

用条件运算符构成的表达式称为条件表达式,其一般形式为

> 表达式 1?表达式 2:表达式 3

条件表达式的求值过程如图 4.9 所示。

例如:

```
int a=5,b=3;
max=a>b?a:b;
```

从功能上来说,条件表达式与 if-else 语句是等价的。

例如:

```
(a>b)? (max=a): (max=b);
```

等价于

```
if(a>b)
  max=a;
else
  max=b;
```

条件运算符具有右结合性。

例如:

```
a>b?a:c>d?c:d 等价于 a>b?a:(c>d?c:d)
```

【例 4.18】 从键盘输入一个字符,若是大写字母,则转换为相应的小写字母;否则,转换为 ASCII 码表中的下一个字符。

编程思路:

可使用逻辑表达式 ch>='A'&&ch<='Z'判断变量 ch 中的字符是否是大写字母,然后用条件表达式实现分支处理。

源程序:

```
#include <stdio.h>
int main(void)
{char ch;
 printf("请输入一个字符: ");
 scanf("%c",&ch);
 ch=(ch>='A'&&ch<='Z')?(ch+32):(ch+1);
 //或者(ch>='A'&&ch<='Z')?(ch=ch+32):(ch=ch+1);
 printf("转换后的字符=%c\n",ch);
 return 0;
}
```

4.7.2 语句标号与 goto 语句

1. 语句标号

语句标号就是写在语句之前的标识符,二者之间以冒号分隔。其格式为

标号:语句

例如,下面这条语句中的 L1 就是语句标号。

```
L1: printf("Good bye!\n");
```

2. goto 语句

goto 语句用于在程序中实现无条件转移。其格式为

```
goto 语句标号;
```

goto 语句的功能是无条件跳转到标号之后的语句上执行。

例如：

```
    goto  L1;
    ...
L1:printf("Good bye!\n");
```

在程序中使用 goto 语句，会影响程序的结构性和可读性，因此应当尽量少用 goto 语句。

第5章 循环结构程序设计

什么是循环呢？先来看一个现实中的问题。已知某班 40 名学生五门课程的成绩，要求计算每名学生的总分和平均分。要处理一名学生的数据，只需要几条语句就能完成。而要处理 40 名学生的数据，有两种方法可以选择。第一种方法，是将这几条语句重写 40 遍，显然不太合适；第二种方法，是将这几条语句只写 1 遍，但是重复执行 40 次，这种方法实际上就是循环。

循环是指在满足一定条件时反复执行某个程序段的过程。如何构成循环呢？其实，利用第 4 章讲过的 goto 语句，就能够实现循环结构。

【例 5.1】 用 goto 语句构成的循环。

源程序：

```
#include <stdio.h>
int main(void)
{
  int i=1;
  L1:printf("%d,",i);
  i=i+1;
  goto L1;
  return 0;
}
```

程序中反复执行的部分，称为循环体。显然，本例的循环体是从 printf 语句开始的三条语句。

当这个程序运行时，将会依次输出 1，2，3，4，5，6，7，8，9，10 等。这个循环什么时候结束呢？永远也不会结束。因为这个循环是一个无条件循环，所以它是一个无限循环，或者称为"死循环"。

如何才能让这个循环变成有限循环呢？只需要通过 if 语句给这个循环添加循环条件即可，从而得到如下的源程序。

【例 5.2】 用 if 语句和 goto 语句构成的循环。

源程序：

```
#include <stdio.h>
int main(void)
{int i=1;
 L1:if(i<=5)
   {printf("%d,",i);
    i=i+1;
    goto L1;
   }
return 0;
}
```

程序运行结果：

```
1,2,3,4,5,
```

尽管利用 if 语句和 goto 语句可以实现循环结构，但是由于这种循环程序的结构性不好，在编程实践中几乎不会采用这种方式编写循环程序。

在 C 语言中，提供了三种专门的循环语句来实现循环结构，即 while 语句、for 语句和 do-while 语句。

5.1 while 循环

用 while 语句构成的循环，称为 while 循环。

5.1.1 while 语句

while 语句的一般形式为

```
while(表达式)
   单条语句
```

其中，while 之后的表达式称为循环的条件，通常为关系表达式或逻辑表达式，也可以是任意的结果类型为整型、实型、字符型、枚举型和指针型的表达式。而且，只要表达式的值非 0，就看作真；只要表达式的值为 0，就看作假。后面的单条语句就是要反复执行的部分，称为循环体。

while 语句的执行流程如图 5.1 所示，即首先判断表达式的值是真是假，若表达式的值为真（非 0），则执行一次循环体，并自动返回；若表达式的值为假（0），则结束循环，转而执行循环体之后的语句。

【例 5.3】 while 循环示例。

源程序：

```
#include <stdio.h>
int main(void)
{int i=1;
 while(i<=5)
   {printf("%d,",i);
    i=i+1;
   }
 return 0;
}
```

图 5.1 while 语句的执行流程

程序运行结果：

```
1,2,3,4,5,
```

5.1.2 while 循环程序举例

【例 5.4】 编写程序，求 1+2+3+…+100。

编程思路：

该问题实质上是求等差数列之和，完全可以利用等差数列的求和公式来求解，不过在本例中采用累加运算的方法来求此数列之和。累加运算，就是通过不断积累的方式逐步求得最终的结果，这种方法具有更好的通用性。

（1）首先定义变量 sum 用于存储累加和，并将 sum 赋值为 0；

（2）将 1 累加到 sum 中，即 sum=sum+1（此时 sum 的值为 1）；

（3）将 2 累加到 sum 中，即 sum=sum+2（此时 sum 的值为 1+2）；

（4）将 3 累加到 sum 中，即 sum=sum+3（此时 sum 的值为 1+2+3）；

（5）以此类推，直至将 100 累加到 sum 中，即 sum=sum+100（此时 sum 的值为 1+2+3+…+100）。

可见，每一次累加都是在上一次累加的基础上进行的。

上述 100 条赋值语句可以归纳为如下的循环体：

```
sum=sum+i;
i=i+1;
```

其中，i 的取值为 1~100。故可推导出如下的 while 循环：

```
sum=0;
i=1;
while(i<=100)
 {sum=sum+i;
  i=i+1;
 }
```

完整的源程序：

```
#include <stdio.h>
int main(void)
{int sum,i;
 sum=0;
 i=1;
 while(i<=100)
   {sum=sum+i;
     i=i+1;
   }
 printf("sum=%d\n",sum);
 return 0;
}
```

程序运行结果：

```
sum=5050
```

【例 5.5】 编写程序实现输入 20 个实数，计算它们的和。

编程思路：

该问题仍然可以采用累加运算的方式求和。由于数据个数较多，不适合让每个数据占用一个变量来存储，可以只定义一个变量来存储新输入的数据。

（1）定义三个变量：x 保存新输入的一个数，sum 保存累加和，i 保存已输入并累加数据的个数。然后对变量 sum 和 i 进行初始化：

```
sum=0;
i=0;
```

（2）首先写出处理一个数据的语句：

```
scanf("%f",&x);     /*输入一个数*/
sum=sum+x;          /*累加到 sum 中*/
i=i+1;              /*数据计数*/
```

（3）若要处理 20 个数，只需将以上语句循环执行 20 次即可。此处可用数据个数 i 控制循环，由于变量 i 是在累加一个数之后进行加 1 计数的，当 i 等于 20 时，已经将第 20 个数累加到 sum 中，此时应当结束循环，故循环条件应为 i<20。

```
while(i<20)
  {scanf("%f",&x);      /*输入一个数*/
   sum=sum+x;           /*累加到 sum 中*/
   i=i+1;               /*数据计数*/
  }
```

完整的源程序：

```
#include <stdio.h>
int main(void)
{float x,sum;
 int i;
 sum=0;
 i=0;
 while(i<20)
   {scanf("%f",&x);      /*输入一个数*/
    sum=sum+x;           /*累加到 sum 中*/
    i=i+1;               /*数据计数*/
   }
 printf("sum=%f\n",sum);
 return 0;
}
```

可见，在构造循环程序时，可以按照从具体到一般的原则，首先归纳出循环体，然后嵌套上循环语句即可。

【例 5.6】 编写程序求 n!。

编程思路：

该程序仍可采用累积运算的方法求解。只是要注意存放累乘结果的变量的初值应为1。

源程序：

```
#include <stdio.h>
int main(void)
{long f;             /*不能用 n!作为变量名*/
 int i,n;
 scanf("%d",&n);
 f=1;
 i=1;
 while(i<=n)
   {f=f*i;
    i=i+1;
   }
 printf("f=%ld\n",f);
 return 0;
}
```

5.2　自增自减运算符与复合赋值运算符

在循环结构程序中，自增自减运算符和复合赋值运算符是两类经常使用的运算符。

5.2.1　自增自减运算符

自增自减运算符是 C 语言中两个很独特，也很容易令人困惑的运算符。其基本功能是使变量的值加 1 或减 1。

1. 自增运算符++

其基本功能是使变量的值加 1，又分为前自增和后自增两种。
前自增表达式的一般形式为
++变量
例如，++i。
后自增表达式的一般形式为
变量++
例如，i++。
从基本功能上说，i++和++i 均与赋值表达式 i=i+1 相当。

2. 自减运算符--

其基本功能是使变量的值减 1，又分为前自减和后自减两种。
前自减表达式的一般形式为
--变量
例如，--i。
后自减表达式的一般形式为
变量--
例如，i--。
从基本功能上说，i--和--i 均与赋值表达式 i = i-1 相当。

3. 前自增（减）与后自增（减）的区别

前自增与后自增、前自减与后自减到底有什么区别呢？首先，来明确前自增（减）与后自增（减）什么时候有区别，什么时候没有区别；然后，再来分析两者的区别。

（1）当前自增（减）表达式与后自增（减）表达式单独使用时，是没有区别的；只有当其作为另一个表达式的一部分时，才有区别。例如，语句 i++;与语句++i; 是完全等价的，而表达式 j=i++与表达式 j=++i 则是完全不同的。

（2）对于前自增，表达式++i 的值是 i 加 1 之后的值（可称为先加 1 后引用，即先将变量的值加 1，然后引用加 1 之后的这个值）。

例如，若有 i=3; j=++i;，则 j=4，i=4。可见，此处的 j=++i 相当于 j=（i=i+1）。

再如，若有 i=3; printf（"%d\n",++i）;，则程序运行结果为 4。

（3）对于后自增，表达式 i++的值是 i 加 1 之前的值（可称为先引用后加 1，即先引用变量的值，再将变量的值加 1）。

例如，若有 i=3; j=i++;，则 j=3，i=4。可见，此处的 j=i++ 相当于 i=（j=i）+1。

再如，若有 i=3; printf（"%d\n",i++）;，则程序运行结果为 3。

（4）后自增和后自减的优先级高于前自增和前自减。具体的优先级和结合性可以查看本书的附录 C。

5.2.2 复合赋值运算符

将算术运算符或位运算符置于赋值运算符之前构成的运算符，称为复合赋值运算符。在 C 语言中共有 10 种复合赋值运算符，包括 +=、-=、*=、/=、%= 等。

复合赋值运算符的一般使用形式（以 *= 为例）：

变量 *= 表达式

其功能等价于

变量 = 变量 *（表达式）

例如：

a+=3 等价于 a=a+3。

x*=y+8 等价于 x=x*（y+8）。

可见，使用复合赋值运算符能提高程序的简洁性，但降低了程序的可读性。初学者在编写程序时，应当首先保证程序的正确性和可读性。

5.3 for 循环

用 for 语句构成的循环称为 for 循环。

5.3.1 for 语句

for 语句的一般形式：

```
for(表达式 1;表达式 2;表达式 3)
    单条语句
```

其中，单条语句就是要反复执行的部分，称为循环体。需要注意，三个表达式之间是以分号隔开的，而不是逗号。

for 语句的执行流程如图 5.2 所示，即首先执行表达式 1，然后判断表达式 2 的值是真（非 0）还是假（0），若为真（非 0），则执行一次循环体，并执行表达式 3，然后自动返回；若表达式 2 的值为假（0），则结束循环，转而执行循环体之后的语句。

可见，在 for 循环中，表达式 1 一般用于为循环变量赋初值，表达式 2 则是循环的条件，表达式 3 一般用于递变循环变量的值。循环的条件通常为关系表达式或逻辑表达式，也可以是任意的结果类型为整型、实型、字符型、枚举型和指针型的表达式。

图 5.2 for 语句的执行流程

【例 5.7】 for 循环示例。

```
#include <stdio.h>
int main(void)
{int i;
 for(i=1;i<=5;i++)
```

```
    printf("%d,",i);
  return 0;
}
```
程序运行结果：
```
1,2,3,4,5,
```
从 for 循环的功能可以看出，for 循环可以看作由 while 循环变形而来。也就是将给循环变量赋初值的语句和递变循环变量值的语句合并到 for 语句的括号之中。因而，for 循环比 while 循环更简洁，但不如 while 循环直观。那么，什么时候使用 for 循环，什么时候使用 while 循环呢？一般而言，如果"循环变量赋初值、循环条件、循环变量递变"这三部分不太复杂，可以使用 for 循环；反之，则应当使用 while 循环。

5.3.2　for 循环程序举例

【例 5.8】　编写程序求 n!。

编程思路：

该程序仍可采用累积运算的方法求解。只是要注意存放累乘结果的变量的初值应为 1。

源程序：
```
#include <stdio.h>
int main(void)
{long f;          /*不能用 n!作为变量名*/
 int i,n;
 scanf("%d",&n);
 f=1;
 for(i=1;i<=n;i++)
   f=f*i;
 printf("f=%ld\n",f);
 return 0;
}
```
在选择变量类型时，要考虑到结果的取值范围。例如，在本例中当 n 的值较大时，n 的阶乘值就会很大，则应将 f 定义为 float 型或 double 型。

【例 5.9】　编写程序求出所有的水仙花数。水仙花数是一个 3 位正整数，其各位数字的立方之和等于该数本身。例如，153 是一个水仙花数，因为 $153=1^3+5^3+3^3$。

编程思路（判断某一个数是否水仙花数）：

首先只考虑一个正整数，要判断它是不是水仙花数，只需分离出它的各位数字并判断是否符合水仙花数的条件即可。

（1）定义变量 x 存放一个三位正整数，定义变量 a、b、c 分别存放 x 的百、十、个位数字。

（2）从键盘输入一个三位正整数，存入变量 x 中。

（3）从变量 x 中分离出百、十、个位数，并分别存入变量 a、b、c 中。

（4）若 a、b、c 的立方之和等于 x，则 x 是水仙花数，输出变量 x 的值。

相应的源程序：
```
#include <stdio.h>
int main(void)
{int x,a,b,c;
```

```
    scanf("%d",&x);
    a=x/100;          /*分离出 x 的百位数*/
    b=x%100/10;       /*分离出 x 的十位数*/
    c=x%10;           /*分离出 x 的个位数*/
    if(a*a*a+b*b*b+c*c*c==x)            /* 若用 pow 函数, 则有可能产生误差 */
      printf("%d 是水仙花数\n",x);
    else
      printf("%d 不是水仙花数\n",x);
    return 0;
}
```

若要求出所有的水仙花数, 只需令变量 x 依次取值 100~999, 并循环执行分离及判断一个正整数的语句组即可。也就是将输入 x 值的语句, 替换为一条 for 语句的语句头, 并将分离及判断部分作为循环体。

最终的源程序:

```
#include <stdio.h>
int main(void)
{
  int  x,a,b,c;
  for(x=100;x<=999;x++)
    {
    a=x/100;                /*分离出 x 的百位数*/
    b=x%100/10;             /*分离出 x 的十位数*/
    c=x%10;                 /*分离出 x 的个位数*/
    if(a*a*a+b*b*b+c*c*c==x)            /*若用 pow 函数, 则有可能产生误差 */
       printf("%d 是水仙花数\n",x);
    }
  return 0;
}
```

5.3.3 关于循环结构的几点说明

(1) 在循环体中, 必须要有能够改变循环变量的值并使循环趋向于结束的语句或表达式。

例如, 若将例 5.4 中 while 循环部分改写为

```
while(i<=100);
{sum=sum+i;
  i=i+1;
}
```

则该循环将变成无限循环 (死循环), 因为此时的循环体是空语句 (分号), 从而导致循环条件始终为真。

(2) 循环体只能是语法意义上的单条语句。若需要多条语句, 则必须用花括号括起来以构成一条复合语句。

例如, 若将例 5.4 中 while 循环部分改写为

```
while(i<=100)
    sum=sum+i;
    i=i+1;
```

则该循环仍为死循环, 因为此时的循环体是 sum=sum+i;这一条语句, 从而导致循环条件始

终为真。

（3）循环体中语句的先后顺序对程序的运行结果会产生影响。例如，若将例 5.4 中的 while 循环部分改写为

```
while(i<=100)
{i=i+1;
 sum=sum+i;
}
```

则程序运行结果：

```
sum=5150
```

其原因是少加了第一项 1，而多加了一项 101。

（4）如果同一个程序中的两个循环互不包含于对方的循环体中，则称为相互平行的循环。当两个平行的循环执行时，只有当第一个循环全部完成之后，才会开始第二个循环的执行。

例如：

```
#include <stdio.h>
int main(void)
{int i;
 for(i=1;i<=5;i++)
   printf("%d,",i*i);
 for(i=1;i<=6;i++)
   printf("%d,",i*i*i);
 return 0;
}
```

程序运行结果：

```
1,4,9,16,25,1,8,27,64,125,216,
```

可以发现，相互平行循环的循环变量允许同名。

5.4　do-while 循环

用 do-while 语句构成的循环，称为 do-while 循环。

5.4.1　do-while 语句

图 5.3　do-while 语句
　　的执行流程

do-while 语句的一般形式为

```
do
  单条语句
while(表达式);
```

do-while 语句的执行流程如图 5.3 所示，即首先执行一次循环体，然后判断表达式的值是真（非 0）还是假（0），若表达式的值为真（非 0），则返回到循环体的开始部分，继续执行一次循环体；若表达式的值为假（0），则结束循环，转而执行循环体之后的语句。

两点说明：

（1）在 while（表达式）之后要有一个分号，因为到此已经构成一条完整的语句；

（2）do-while 循环的循环体最少要执行一次。

【例 5.10】 do-while 循环示例。

```
#include <stdio.h>
int main(void)
{int i=1;
 do
   {printf("%d,",i);
    i++;
   }
 while(i<=5);
 return 0;
}
```

程序运行结果：

```
1,2,3,4,5,
```

5.4.2　do-while 循环程序举例

【例 5.11】 从键盘输入两个正整数，求其最大公约数。

编程思路：

辗转相除法（欧几里得算法）是一种既适合于程序实现，又具有较高效率的算法。

（1）以两个正整数中的一个数作被除数，另一个数作除数，相除求余数。

（2）若余数不为 0，则以上一次的除数作为新的被除数，以上一次的余数作为新的除数，继续求余数。

（3）直至余数变为 0，对应的除数就是最大公约数。

例如：

38%16=6

16%6=4

6%4=2

4%2=0

故 38 与 16 的最大公约数为 2。

又如：

16%38=16

38%16=6

16%6=4

6%4=2

4%2=0

可见，当第一个数较小时，通过辗转相除即可实现两个数的自动互换。因此，在程序中判断两个数的大小关系，并在第一个数较小时进行互换是不必要的。

相应的源程序：

```
#include <stdio.h>
int main(void)
{int m,n,r;
 printf("请输入两个正整数:");
 scanf("%d%d",&m,&n);
 while(r!=0)
```

```
   {r=m%n;
    m=n;
    n=r;
    }
 printf("最大公约数=%d\n",n);
 return 0;
}
```

该程序在一部分编译器中可以正常运行，而在另一部分编译器中则不能正常运行。其原因在于首次执行 while（r!=0）时，变量 r 未赋值，其值是一个随机值。若该随机值恰好为 0，则将导致循环条件为假，从而直接退出循环。

如何完善该程序呢？第一种方法，是将求余数的表达式合并到 while 条件中，从而确保先给变量 r 赋值，再判断循环条件 r!=0。

修正的源程序：

```
#include <stdio.h>
int main(void)
{int m,n,r;
 printf("请输入两个正整数:");
 scanf("%d%d",&m,&n);
 while((r=m%n)!=0)    //先赋值后判断
   {m=n;
    n=r;
    }
 printf("最大公约数=%d\n",n);
 return 0;
}
```

第二种方法，是改用 do-while 循环，从而确保先在循环体中给变量 r 赋值，再判断循环条件 r!=0。因此，如果循环控制变量的第一次赋值是在循环体中完成的，则适用于 do-while 循环。

用 do-while 语句实现的源程序：

```
#include <stdio.h>
int main(void)
{int m,n,r;
 printf("请输入两个正整数:");
 scanf("%d%d",&m,&n);
 do
   {r=m%n;
    m=n;
    n=r;
    }
 while(r!=0);
 printf("最大公约数=%d\n",n);
 return 0;
}
```

该程序的运行结果为 0，这是因为在某一次循环中，执行了 r=m%n;使得 r 的值变成 0 之后，又执行了 m=n;n=r;这两条语句，从而导致 n 的值也变为 0，而 n 原有的值已转赋给转赋给变量 m，故应该输出 m 的值。

用 do-while 语句实现的源程序修正版：

```
#include <stdio.h>
int main(void)
{int m,n,r;
 printf("请输入两个正整数:");
 scanf("%d%d",&m,&n);
 do
   {r=m%n;
    m=n;
    n=r;
   }
 while(r!=0);
 printf("最大公约数=%d\n",m);
 return 0;
}
```

5.5 循环的嵌套

若在一个循环的循环体中又包含了另外的循环结构，则称为循环的嵌套，也称为多重循环。在多重循环中，最常见的是双重循环。下面来看一个双重循环的例子。

【例 5.12】 写出下列程序的运行结果。

```
#include <stdio.h>
int main(void)
{int i,j;
 for(i=0;i<2;i++)
   {for(j=0;j<3;j++)
      {printf("i=%d,j=%d\n",i,j);
      }
    printf("*****\n");
   }
 return 0;
}
```

双重循环是如何执行的呢？在分析双重循环的执行过程时，可以首先将外循环的循环体看作一个整体，并展开外循环；然后逐步展开内循环。

对上面的程序而言，可将外循环展开为

```
i=0;
for(j=0;j<3;j++)
  {
   printf("i=%d,j=%d\n",i,j);
  }
printf("*****\n");
i=1;
for(j=0;j<3;j++)
  {
```

```
    printf("i=%d,j=%d\n",i,j);
  }
printf("*****\n");
```

然后将其中的内循环展开为

```
i=0;
j=0;
printf("i=%d,j=%d\n",i,j);
j=1;
printf("i=%d,j=%d\n",i,j);
j=2;
printf("i=%d,j=%d\n",i,j);
printf("*****\n");
i=1;
j=0;
printf("i=%d,j=%d\n",i,j);
j=1;
printf("i=%d,j=%d\n",i,j);
j=2;
printf("i=%d,j=%d\n",i,j);
printf("*****\n");
```

因此，可得该程序运行结果：

```
i=0,j=0
i=0,j=1
i=0,j=2
*****
i=1,j=0
i=1,j=1
i=1,j=2
*****
```

根据多重循环的执行过程可以发现，在多重循环的最内层循环体中，可以列举出各层循环变量的所有取值组合。

如何利用双重循环编写程序呢？下面来看一个典型的例子。

【例 5.13】 编写程序打印如下九九乘法表。

```
1*1=1
1*2=2    2*2=4
1*3=3    2*3=6    3*3=9
1*4=4    2*4=8    3*4=12   4*4=16
1*5=5    2*5=10   3*5=15   4*5=20   5*5=25
1*6=6    2*6=12   3*6=18   4*6=24   5*6=30   6*6=36
1*7=7    2*7=14   3*7=21   4*7=28   5*7=35   6*7=42   7*7=49
1*8=8    2*8=16   3*8=24   4*8=32   5*8=40   6*8=48   7*8=56   8*8=64
1*9=9    2*9=18   3*9=27   4*9=36   5*9=45   6*9=54   7*9=63   8*9=72   9*9=81
```

编程思路：

（1）该九九乘法表共有 9 行，其中第 n 行由 n 个等式组成。

（2）可以首先实现一个等式的打印，然后扩展到一行等式的打印，进而扩展到 9 行等式的打印。

算法设计：

（1）打印乘法表中一个等式最简单的方法，就是直接将该等式（如"1*9=9"）作为字符串常量打印。

```
#include <stdio.h>
int main(void)
{printf("1*9=9\n");
 return 0;
}
```

不过这种方式相当于一种半人工方式，不能体现程序控制的优势。为了体现程序控制的思想，可以定义两个整型变量，分别代表等式所处的行号、列号。从而写出如下打印一个等式"1*9=9"的程序：

```
#include <stdio.h>
int main(void)
{int i,j;
 i=9;    //行号
 j=1;    //列号
 printf("%d*%d=%d\n",j,i,i*j);
 return 0;
}
```

（2）若要打印整个第 9 行的 9 个等式，只需使得列号 j 从 1 加 1 递增到 9，并循环执行打印一个等式的 printf 语句即可。

打印乘法表第 9 行的源程序：

```
#include <stdio.h>
int main(void)
{int i,j;
 i=9;
 for(j=1;j<=9;j++)
    printf("%d*%d=%d\t",j,i,i*j);
 printf("\n");    //换行
 return 0;
}
```

其中，"\t"代表水平制表符（Tab 键），功能是使光标跳到下一个水平制表位。水平制表位通常位于第 8k+1 个字符位置（k 为自然数）。

（3）在上述程序中，变量 i 的值固定为 9，故只能打印第 9 行。若要打印所有的 9 行等式，只需使得行号 i 从 1 加 1 递增到 9，并循环执行打印一行的程序段即可。

打印整个乘法表的源程序：

```
#include <stdio.h>
int main(void)
{int i,j;
 for(i=1;i<=9;i++)
   {for(j=1;j<=9;j++)
      printf("%d*%d=%d\t",j,i,i*j);
```

```
          printf("\n");
      }
   return 0;
}
```

需要注意，实现换行的语句 printf（"\n"）;必须位于外循环体之内、内循环体之外。

运行该程序可以发现，输出的乘法表中每一行都有 9 个等式，图形结构并不是一个直角三角形，而是一个矩形。这是因为乘法表中等式的行数，是由外循环的循环次数控制的；而每行中等式的个数，是由内循环的循环次数控制的。这里内循环的循环次数固定为 9 次，因此每一行都输出 9 个等式。

如何才能让各行的等式个数随行号而变化呢？只需让内循环的循环次数，跟随外循环变量的值变化即可，而内循环的循环次数是由其初值、终值、步长决定的。因此，通常的实现方法是，将内循环变量的终值（或初值），设置为一个包含外循环变量的表达式。

在该程序中，只需直接将外循环变量 i 的值作为内循环变量 j 的终值即可。这样，内循环的循环次数将变成 i 次，从而使得第 i 行输出 i 个等式。

修正之后的源程序：

```
#include <stdio.h>
int main(void)
{int i,j;
 for(i=1;i<=9;i++)
   {for(j=1;j<=i;j++)
      printf("%d*%d=%-4d",j,i,i*j);     /*负号表示左对齐*/
    printf("\n");                         /*该语句必须位于外循环体之内、内循环体之外*/
   }
 return 0;
}
```

由此可见，欲构造双重循环程序，可以首先构造出内循环，然后以整个内循环部分作为循环体，添加上外循环的头部即可。

【例 5.14】 编写程序，计算 1!、3!、5!、…、19!。

编程思路：

这里需要求出 10 个数的阶乘，而且这 10 个数是以 2 为步长递增的。故可以在求一个数阶乘的基础上扩展而来。

算法设计：

（1）首先依次写出求 1!、3!、5!、…、19!的程序段。

```
int n,i;
double f;
n=1;
f=1;
for(i=1;i<=n;i++)
  f=f*i;
printf("f=%.0lf\n",f);
n=3;
f=1;
for(i=1;i<=n;i++)
  f=f*i;
```

```
printf("f=%.0lf\n",f);
n=5;
f=1;
for(i=1;i<=n;i++)
  f=f*i;
printf("f=%.0lf\n",f);
...
n=19;
f=1;
for(i=1;i<=n;i++)
  f=f*i;
printf("f=%.0lf\n",f);
```

（2）显而易见，各程序段中变量 n 的值是以 2 为步长递增的，故可以用一个外循环控制变量 n 的变化，从而得到如下的双重循环程序。

源程序：

```
#include <stdio.h>
int main(void)
{int n,i;
 double f;
 for(n=1;n<=19;n+=2)
   {
    f=1;      /*该语句必须位于外循环体内，内循环体外*/
    for(i=1;i<=n;i++)
      f=f*i;
    printf("%d!=%.0lf\n",n,f);
   }
 return 0;
}
```

5.6 循环辅助语句和 while（1）循环

break 语句和 continue 语句是循环结构中的两个辅助性语句。

5.6.1 break 语句

break 语句只能用于 switch 语句或循环体之中。当其用于循环体内部时，其功能为跳出本层的循环体，从而提前结束循环。

【例 5.15】 break 语句用于循环体内部示例。

```
#include <stdio.h>
int main(void)
{int i;
 for(i=1;i<=5;i++)
   {if(i>3)
      break;
    printf("%d,",i);
   }
```

```
    return 0;
    }
```
程序运行结果：
```
1,2,3,
```
由于 break 语句用于循环体内部时，能够提前结束循环，故一般需要内嵌到 if 语句中。

5.6.2 continue 语句

其一般形式为
```
continue;
```
continue 语句只能用于循环体中，其功能是跳过循环体中 continue 之后的循环体，而继续进行下一次循环。

对于 for 循环，执行 continue 将转向执行表达式 3，然后转向循环条件的判断；而对于 while 循环和 do-while 循环，执行 continue 将直接转向循环条件的判断。

【例 5.16】 continue 语句用于循环体内部示例。
```
#include <stdio.h>
int main(void)
{int i;
 for(i=1;i<=5;i++)
   {if(i<=2)
      continue;
   printf("%d,",i);
   }
 return 0;
}
```
程序运行结果：
```
3,4,5,
```

5.6.3 while(1)循环

在构造循环时，对循环条件进行判断的时机是至关重要的。一方面，要保证先给循环变量赋值，后判断循环条件；另一方面，还要保证先判断循环条件，后进行相应处理。

采用 while（1）形式的循环，将会很容易满足上述两点要求。在这种循环中，其循环条件永远为真，因此从形式上看是一个无限循环。不过，可以在它的循环体中借助有条件的 break 语句，在合适的时机结束循环，从而变成一个有限循环。

下面通过一个实例分析说明。

【例 5.17】 从键盘输入若干名学生的入学成绩，然后求出他们的平均成绩。要求以任意负数作为输入结束标记。

编程思路：

欲求平均成绩，需首先求出这些成绩的总和。由于未明确给出学生的人数，故采用输入结束标记控制循环。

算法设计：

（1）输入一名学生的成绩。

（2）若是结束标记，则结束循环；否则，累加到总成绩，并统计当前学生的人数，然后转向第（1）步。

（3）最后求出平均成绩并输出。

相应的源程序：

```c
#include <stdio.h>
int main(void)
{float g,sum=0,ave;
 int n=0;
 printf("请输入若干个成绩, 以任意负数退出:\n");
 while(g>=0)
   {scanf("%f",&g);
    sum=sum+g;
    n++;
   }
 ave=sum/n;
 printf("平均成绩=%.2f\n",ave);
 return 0;
}
```

该程序在一部分编译器中可以正常运行，而在另一部分编译器中则不能正常运行。其原因在于首次执行 while（g>=0）时，变量 g 未赋值，所以其值是一个随机值。若该随机值恰好小于 0，则将导致循环条件为假而直接退出循环。

该程序即使在某些编译器中可以运行，结果也是错误的。这是因为在输入 g 的值之后，随即累加到 sum 中并进行计数；再判断是不是结束标记，导致误将结束标记累加到 sum 中。

若改为 do-while 循环，可以实现先输入变量 g 的值、后判断循环条件的要求。但是仍然存在误将结束标记累加到 sum 中的问题。

采用 while（1）形式的循环结构，可以很好地解决上述两个问题。while（1）形式的循环以 1 作为循环的条件，即循环条件永远为真，从而成为无限循环。不过，可以在循环体中通过有条件的 break 语句，选择适当的时机跳出循环。

采用 while（1）形式的循环结构的源程序：

```c
#include <stdio.h>
int main(void)
{float g,sum=0,ave;
 int n=0;
 printf("请输入若干个成绩, 以任意负数退出:\n");
 while(1)
   {scanf("%f",&g);
    if(g<0)
      break;
    sum=sum+g;
    n++;
   }
 ave=sum/n;
 printf("平均成绩=%f\n",ave);
 return 0;
}
```

该程序采用 while（1）形式的循环，当满足一定条件时，通过 break 语句从循环体中跳出循环。这既保证了先输入、后判断、再累加的正确顺序，同时程序的结构也比较自然顺畅。

5.7 循环结构应用举例

【例 5.18】 已知 m 是一个正整数，编写程序判断 m 是否为素数（质数）。

编程思路：

（1）素数就是只能被 1 和自身整除的大于 1 的自然数。

（2）要判断 m 是否为素数，只需拿 m 被 2～m–1 的整数 i 来除即可。

（3）若 m（如 m=7）不能被 2 整除，m 也不能被 3 整除，……，m 也不能被 m–1 整除，则 m 是素数（需要同时满足 m–2 个条件）。

（4）若 m（如 m=9）能被 2～m–1 的某一整数 i 整除，则 m 不是素数（只需满足一个条件）。

由此得出判断素数的算法流程图，如图 5.4 所示。

图 5.4　判断素数的算法流程图

相应的源程序：

```
#include <stdio.h>
int main(void)
{int m,i;
 printf("请输入一个大于 1 的整数：\n");
 scanf("%d",&m);
 i=2;
 while(i<m)
   {if(m%i==0)
      break;
    else
      i++;
   }
 if(i==m)
```

```
    printf("%d是素数\n",m);
else
    printf("%d不是素数\n",m);
return 0;
}
```

在该程序中，为什么要在循环结束之后，再经过一次判断，然后才输出是否为素数的结论呢？这是因为要得出一个正整数是素数的结论，必须完成一次完整的循环过程；而要得出一个正整数不是素数的结论，虽然不需要一次完整的循环过程，但是也不便于直接在循环体内输出结论。

采用 while 循环实现的程序与流程图具有较好的对应性，因而比较直观易懂。当然，也可以将该程序中的循环改为更加简洁的 for 循环。

用 for 循环实现的源程序：

```
#include <stdio.h>
int main(void)
{int m,i;
 printf("请输入一个大于1的正整数：");
 scanf("%d",&m);
 for(i=2;i<m;i++)
   {if(m%i==0)
      break;
   }
 if(i>=m)
   printf("%d是素数\n",m);
 else
   printf("%d不是素数\n",m);
 return 0;
}
```

在改写之前的 while 循环结构中，由于 i++ 处于 else 子句中，所以仅当 if 条件为假时才会执行 i++。那么，在改写之后的 for 循环结构中，也是仅当 if 条件为假时才会执行 i++ 吗？可以发现，当 if 条件为真时，将会执行 break 语句而直接跳出循环体；从而仅当 if 条件为假时才有机会执行 i++。因而，这两种循环结构的功能是等价的。

在前面的两个程序中，直接根据素数的定义来确定循环判断的次数。当输入的自然数很大时，将会进行很多次的循环判断，导致程序的执行效率不高。实际上，根据数论的定理，在判断大于 1 的自然数 m 是否为素数时，除数只需要取 $2 \sim \sqrt{m}$ 之间的整数即可，从而可以大大减少循环判断的次数。

由此得到如下改进的源程序：

```
#include <stdio.h>
#include <math.h>
int main(void)
{int m,i,k;
 printf("请输入一个大于1的正整数：");
 scanf("%d",&m);        /*以 m 作被除数*/
 k=(int)sqrt(m);        /*k 为不大于 sqrt(m)的最大整数*/
 for(i=2;i<=k;i++)
```

```
     {if(m%i==0)
        break;
     }
   if(i>k)
     printf("%d是素数\n",m);
   else
     printf("%d不是素数\n",m);
   return 0;
}
```

【例 5.19】 用公式 $\dfrac{\pi}{4}=1-\dfrac{1}{3}+\dfrac{1}{5}-\dfrac{1}{7}+\dfrac{1}{9}-\cdots$ 求 π 的近似值，要求直到某一项的绝对值小于 10^{-6} 时停止累加。

问题分析：

（1）该问题仍可采用累加的方法求和。

（2）各累加项为一个分数，其分母以 2 为步长递增。

（3）各累加项正负交替变化。

（4）累加项的总项数未明确给出。

编程思路：

（1）定义变量 p 存储累加和，其初值为 0。

（2）定义变量 n 存储当前累加项的分母，其初值为 1。

（3）定义变量 s 控制当前累加项的正负，其初值为正 1。

（4）定义变量 t 存储当前累加项。

（5）循环执行下列操作，循环条件为当前项的绝对值不小于 10^{-6}。

```
     t=s*1/n;  /*求得当前项*/
     p=p+t;    /*将当前项累加到p中*/
     n=n+2;    /*下一项分母递增2*/
     s=-s;     /*改变下一项的正负*/
```

（6）最后将变量 p 的值乘以 4，然后输出。

源程序：

```
#include <stdio.h>
#include <math.h>
int main(void)
{
 double p,n,t;
 int s;
 p=0;
 n=1;
 s=1;
 while(1)
   {
   t=s*1/n;    /* 变量n为double型，故不必写作1.0/n */
   if(fabs(t)<1e-6)
      break;
   p=p+t;
   n=n+2;
```

```
    s=-s;
    }
 p=p*4;
 printf("p=%.20f\n",p);
 return 0;
}
```

思考一下，如何才能进一步提高π的近似值的精度呢？

【例 5.20】 编写程序求解百鸡百钱问题，即用 100 元钱买 100 只鸡。已知公鸡 5 元/只，母鸡 3 元/只，小鸡 1 元 3 只，求公鸡、母鸡和小鸡各几只。

编程思路：

（1）设公鸡、母鸡、小鸡的数量分别为 i，j，k，则由给定条件可列出如下方程：

i+j+k=100

5i+3j+k/3=100

（2）该问题中有三个变量、两个方程，故属于数学中的不定方程。

（3）通常采用穷举法求解不定方程，即列举出所有可能的取值组合，并逐一验证。

（4）要列举三个变量所有可能的取值组合，应当采用三重循环结构。

源程序：

```
#include <stdio.h>
int main(void)
{int  i,j,k;
 for(i=0;i<=20;i++)              /*公鸡不超过 20 只*/
    for(j=0;j<=33;j++)           /*母鸡不超过 33 只*/
       for(k=0;k<=100;k=k+3)   /*小鸡数量为 3 的倍数*/
         {
          if((i+j+k==100)&&(5*i+3*j+k/3==100))
              printf("公鸡=%-6d 母鸡=%-6d 小鸡=%-6d\n",i,j,k);
         }
 return 0;
}
```

由于这里的 k 是 3 的倍数，因此 k 整除 3 不会造成有效数字的丢失。

该问题也可以改为两个变量、一个方程，并采用双重循环列举出两个变量所有可能的取值组合。

改写后的源程序：

```
#include <stdio.h>
int main(void)
{int  i,j;                       /*i 为公鸡数量，j 为母鸡数量*/
 for(i=0;i<=20;i++)
  for(j=0;j<=33;j++)
     {
      if(5*i+3*j+(100-i-j)/3.0==100)
         printf("公鸡=%-6d 母鸡=%-6d 小鸡=%-6d\n",i,j,100-i-j);
     }
 return 0;
}
```

改写后的程序，其运行效率有了很大的提高，不过程序的逻辑严密性比原来的程序有所降低。例如，若将 if 条件表示为 if（5*i+3*j+（100-i-j）/3==100），则会产生若干组错误的解。你能分析其中的原因吗？

5.8 拓展：逗号表达式与 for 语句变形

5.8.1 逗号运算符与逗号表达式

在 C 语言中，逗号也是一种运算符。用逗号运算符将多个表达式连接起来构成的表达式，称为逗号表达式。其一般形式为

表达式 1,表达式 2,…,表达式 n

逗号表达式的求值过程为：自左至右依次计算各个表达式的值，并以最后一个表达式的值作为整个逗号表达式的值。

例如，若有 a =（3*5,4*5），则括号中逗号表达式的值为 20，故变量 a 的值为 20。

又如，若有 a =3*5,4*5，虽然逗号表达式的值仍为 20，但由于赋值运算符的优先级高于逗号运算符，故变量 a 的值为 15。

再如，在语句 printf（"%d\n",（i=3,i++,++i,i+5））;中，唯一的输出项是一个逗号表达式，故输出结果为 10。

需要注意，在 C 语言程序中，有的逗号只是分隔符而非逗号运算符。例如，语句 printf（"%d,%d,%d\n",a,b,c）;中的逗号均为分隔符。

5.8.2 for 语句变形

for 循环的一个显著特点是灵活多变，主要表现为 for 语句的各种变形。一方面，for 语句中的表达式 1、表达式 3 均可以是逗号表达式；另一方面，for 语句中的表达式 1、表达式 2 和表达式 3 又均可以缺省。

（1）如果 for 语句中的赋初值部分或递变部分，需要使用多个表达式完成，那么可以将该多个表达式构成一个逗号表达式，即 for 语句中的表达式 1、表达式 3 均可以是逗号表达式。

【例 5.21】 具有两个循环变量的 for 语句（表达式 1、表达式 3 均为逗号表达式）。

```
#include <stdio.h>
int main(void)
{int i,j;
 for(i=1,j=10;i<j;i++,j--)
   printf("i=%d,j=%d\n",i,j);
 return 0;
}
```

由于 for 语句中的表达式 1、表达式 3 均可以是逗号表达式，所以既可以将循环之前的语句移入表达式 1 中，也可以将循环体中的语句移入表达式 3 中。

【例 5.22】 求 1+2+3+…+100 的 for 循环程序。

常规写法的源程序：

```
#include <stdio.h>
int main(void)
```

```
{int s,i;
 s=0;
 for(i=1;i<=100;i++)
   s=s+i;
 printf("s=%d\n",s);
 return 0;
}
```

表达式 1 是逗号表达式的源程序：

```
#include <stdio.h>
int main(void)
{int s,i;
 for(s=0,i=1;i<=100;i++)
   s=s+i;
 printf("s=%d\n",s);
 return 0;
}
```

表达式 3 是逗号表达式的源程序：

```
#include <stdio.h>
int main(void)
{int s,i;
 s=0;
 for(i=1;i<=100;s=s+i,i++)
  ; //循环体是空语句
 printf("s=%d\n",s);
 return 0;
}
```

表达式 1、表达式 3 均是逗号表达式的源程序：

```
#include <stdio.h>
int main(void)
{int s,i;
 for(s=0,i=1;i<=100;s=s+i,i++)
  ; //循环体是空语句
 printf("s=%d\n",s);
 return 0;
}
```

（2）在 for 语句中，若不需要赋初值部分或递变部分，则相应的表达式可以缺省，即 for 语句中的表达式 1、表达式 3 均可以缺省，甚至作为循环条件的表达式 2 也可以缺省。

【例 5.23】 用 for 循环（缺省表达式 1）计算 n!。

```
#include <stdio.h>
int main(void)
{int n;
 long f=1;
 printf("请输入一个正整数:");
 scanf("%d",&n);
 for(;n>=1;n--)    //分号不可少
   f=f*n;
```

```
    printf("f=%ld\n",f);
    return 0;
}
```

【例 5.24】 求 1+2+3+…+100 的 for 循环程序。

表达式 1 缺省的源程序：

```
#include <stdio.h>
int main(void)
{int s,i;
 s=0;
 i=1;
 for(;i<=100;i++)
    s=s+i;
 printf("s=%d\n",s);
 return 0;
}
```

表达式 3 缺省的源程序：

```
#include <stdio.h>
int main(void)
{int s,i;
 s=0;
 for(i=1;i<=100;)
    {s=s+i;
     i++;
    }
 printf("s=%d\n",s);
 return 0;
}
```

表达式 1、表达式 3 均缺省的源程序：

```
#include <stdio.h>
int main(void)
{int s,i;
 s=0;
 i=1;
 for(;i<=100;)
    {s=s+i;
     i++;
    }
 printf("s=%d\n",s);
 return 0;
}
```

在 for 语句中，除了表达式 1、表达式 3 均可缺省之外，用作循环条件的表达式 2 也可以缺省，且当表达式 2 缺省时，循环条件看作始终为真。

尽管 for 语句的形式灵活多变，不过一般而言还是建议采用常规写法，即表达式 1 为循环变量赋初值，表达式 2 作为循环的条件，表达式 3 递变循环变量的值。其他的另类风格，不建议效仿。

第6章 数　　组

在前面介绍的程序中，所使用的变量均为标量类型的变量。但是当在一个程序中用到大量数据时，使用标量类型的变量则不甚方便。此时，可以在程序中使用一种组合类型的数据——数组。

数组就是一组具有相同类型的有序变量的集合。数组中的变量称为数组的元素，数组元素的个数称为数组的长度。

数组按其逻辑结构不同，可以分为一维数组、二维数组和多维数组等。这里的维，就是维度、方向的意思。

数组中存储的数据可以是整型的，也可以是实型的、字符型的，还可以是其他类型的。不过存储在同一个数组中的数据必须具有相同的类型，不同类型的数据只能存储于不同的数组中，而且数组必须先定义后使用，数组的大小由需要存储的数据多少来确定。

本章主要介绍一维数组和二维数组的使用方法，并且只涉及整型和实型数据在数组中的存储和处理。批量字符型数据的存储和处理需要使用字符数组，将在第8章中专门讲述。

6.1　一　维　数　组

一维数组的所有元素看作一行，相当于数学中的向量。在程序中使用数组时，也必须先定义后使用。

6.1.1　一维数组的定义

一维数组定义的一般形式为

```
类型说明符 数组名[数组长度];
```

其中，数组长度一般是一个正整数，也可以是整型常量的表达式。

例如：

```
int a[10];
```

该语句定义了一个数组名为 a 的一维数组，该数组包含了 10 个 int 型的数组元素，即 a[0]，a[1]，a[2]，…，a[9]。

一维数组的元素，不但在名称上是有序的，在内存中的存储也是连续且有序的。

两点说明：

（1）在 C89 标准中，不允许定义变长数组，即在表示数组长度的表达式中，不能包含变量名。而在 C99 标准中，则允许定义变长数组。

例如：

```
int n;
scanf("%d",&n);
int a[n];
```

该语句组在 C89 标准中是错误的，而在 C99 标准中则是正确的。

（2）不能对数组元素进行越界引用。

例如：

```
int a[10];
a[10]=200;
```

是错误的，因为在数组 a 中不存在 a[10]这个元素。

6.1.2　一维数组的引用

在程序中，一般不能将一维数组作为一个整体操作，而只能针对数组中的元素进行操作。当在程序中引用数组元素时，数组元素的下标可以是整型的常量、变量或表达式。例如：

```
int a[10],i=2;
a[0]=10;
a[i]=100;            //等价于 a[2]=100;
a[i*2+1]=1000;    //等价于 a[5]=1000;
```

通常可以利用数组元素的有序性特点，通过循环来处理数组中的元素。

【例 6.1】　从键盘输入 10 个整数存入一个一维数组中，然后按逆序输出。

编程思路：

（1）要输入一个整数并存入数组元素 a[0]中，可用以下语句实现：

```
i=0;
scanf("%d",&a[i]);            /*可以用整型变量作为数组元素的下标*/
```

（2）用一个循环控制变量 i 的值从 0 变到 9，即可输入 10 个整数并存入数组 a 中：

```
for(i=0;i<=9;i++)
   scanf("%d",&a[i]);
```

（3）要输出数组元素 a[9]的值，可用以下语句实现：

```
i=9;
printf("%d",a[i]);
```

（4）用一个循环控制变量 i 的值从 9 变到 0，即可逆序输出数组 a 中 10 个元素的值：

```
for(i=9;i>=0;i--)
   printf("%d ",a[i]);
```

源程序：

```
#include <stdio.h>
int main(void)
{int a[10],i;        //定义数组及变量
 printf("请输入 10 个整数: \n");
 for(i=0;i<=9;i++)
    scanf("%d",&a[i]);
 printf("逆序输出结果: \n");
 for(i=9;i>=0;i--)
    printf("%d ",a[i]);
 printf("\n");
 return 0;
}
```

此程序只是实现了数组元素的逆序输出，数组中数据的存储顺序并未发生改变。

6.1.3　一维数组的初始化

可以在定义一维数组的同时给数组元素赋初值，称为数组的初始化。一维数组的初始

化有下面几种形式。

（1）给全部数组元素赋初值。

例如：

```
int a[6]={1,3,5,7,9,0};
```

（2）给部分数组元素赋初值。

例如：

```
int a[6]={3,6,9};
int f[6]={0};
```

此时，未经赋值的数组元素，系统自动将其赋值为 0。

（3）在初始化一维数组时，可以不指定数组的长度。

例如：

```
int a[ ]={2,6,8,9,0,1};
```

此时，系统可以按照初值的个数来确定数组的长度。

需要注意，int a[ ];是错误的，因为此时无法确定数组 a 的长度，从而无法为它分配内存空间。

6.1.4 一维数组应用举例

【例 6.2】 斐波那契数列的变化规律是：前两项都是 1，从第三项开始的每一项等于其前面两项之和。试用一维数组编写程序，求出斐波那契数列的前 40 项。

编程思路：

（1）定义一个一维数组 f[40]，用于存储数列的前 40 项。

（2）将前两项存入 f[0]和 f[1]中，即 f[0]=1，f[1]=1。

（3）按照数列的规律，求得第 i 项并存入 f[i]中，即 f[i]=f[i−2]+f[i−1]，其中，i 的取值为 2～39。

（4）最后输出所有的项。

源程序：

```
#include <stdio.h>
int main(void)
{long int f[40]={1,1};        //将前两项存入 f[0]和 f[1]中
 int i;
 for(i=2;i<=39;i++)
     f[i]=f[i-2]+f[i-1];      //求得第 i 项并存入 f[i]中
 for(i=0;i<=39;i++)           //输出数据
     printf("%20ld",f[i]);    //每个数据占 20 列，以使数据排列整齐
 return 0;
}
```

程序中使用语句 printf（"%20ld",f[i]）;输出，是为了使得输出的数据排列整齐。若直接使用语句 printf（"%ld",f[i]）;输出，则数据排列显得杂乱。

【例 6.3】 编写程序实现：从键盘输入年份和月份，求出该月份的天数并输出。

编程思路：

（1）将每个月的天数存入数组 mon 中，mon[i]存储 i 月份的天数，二月份天数暂取 28。

（2）根据年份判断，若是闰年，则修正二月份的天数为 29。

（3）根据月份 m 的值，输出数组元素 mon[m]的值，即对应的月份天数。

源程序：

```
#include <stdio.h>
int main(void)
{int y,m;
int mon[13]={0,31,28,31,30,31,30,31,31,30,31,30,31}; //每个月的天数
printf("请输入年份和月份(用空格分隔)： ");
scanf("%d%d",&y,&m);
if((y%4==0)&&(y%100!=0)||(y%400==0))
   mon[2]=29;                    //若是闰年则修正二月份的天数
printf("该月份的天数=%d\n",mon[m]);
return 0;
}
```

请对比该程序与例 4.11 中源程序的不同之处，体会使用数组的优势。

【例 6.4】 从键盘输入 10 个整数，求出其中的最大数并输出。

编程思路：

可采用打擂台的方法来求最大数。

（1）定义一个数组 a[10]，用于存储输入的 10 个数；

（2）定义一个变量 max，用于存储当前的最大数；

（3）首先将 a[0]的值赋给 max（其实可以取数组中的任意一个元素，为便于编程通常取 a[0]）；

（4）取数组中的下一个元素 a[i]与 max 比较。若 a[i]的值大于 max，则将 a[i]的值赋给 max（a[i]是当前的最大数），否则 max 保持不变；

（5）循环执行第（4）步，直至 9 次比较完成，此时 max 的值就是 10 个数中的最大数。

源程序：

```
#include <stdio.h>
int main(void)
{int a[10],max,i;
printf("请输入 10 个整数(用空格分隔)： \n");
for(i=0;i<=9;i++)
   scanf("%d",&a[i]);
max=a[0];             //首先将 a[0]作为当前的最大数
for(i=1;i<=9;i++)     //将 max 的值与后面的 9 个数依次比较
   {if(a[i]>max)
      max=a[i];
   }
printf("max=%d\n",max);
return 0;
}
```

想一想如何求出一批数中的第二大数？

【例 6.5】 从键盘输入 10 个数，用选择法按降序排序并输出。

编程思路：

排序问题可以理解为反复求最大值（或最小值）的问题。

（1）定义一个数组 a[10]，用于存储要排序的 10 个数。

（2）首先找出 10 个数中的最大数，并置入 a[0]中。方法是依次将 a[0]与其余 9 个数比较，并将较大者存入 a[0]中，其实就是例 6.4 的擂台法。

将 a[0]与 a[1]相比较，并将较大者置入 a[0]中。

```
if(a[0]<a[1])
 {t=a[0];
  a[0]=a[1];
  a[1]=t;
 }
```

将 a[0]与 a[2]相比较，并将较大者置入 a[0]中。

```
if(a[0]<a[2])
 {t=a[0];
  a[0]=a[2];
  a[2]=t;
 }
 ......
```

将 a[0]与 a[9]相比较，并将较大者置入 a[0]中。

```
if(a[0]<a[9])
 {t=a[0];
  a[0]=a[9];
  a[9]=t;
 }
```

以上 9 条 if 语句，可以归纳为如下一个单重循环：

```
i=0;
for(j=i+1;j<=9;j++)
 if(a[i]<a[j])
  {t=a[i];
   a[i]=a[j];
   a[j]=t;
  }
```

（3）再找出其余 9 个数中的最大数，并置入 a[1]中。可用如下一个单重循环实现。

```
i=1;
for(j=i+1;j<=9;j++)
 if(a[i]<a[j])
  {t=a[i];
   a[i]=a[j];
   a[j]=t;
  }
```

（4）以此类推，直至找出剩余 2 个数中的最大数，并置入 a[8]中，最小数置入 a[9]中。可用如下一个单重循环实现。

```
i=8;
for(j=i+1;j<=9;j++)
 if(a[i]<a[j])
  {t=a[i];
   a[i]=a[j];
   a[j]=t;
  }
```

至此，排序完成。

（5）显然，上述9个单重循环可以合并为如下的双重循环。

```
for(i=0;i<=8;i++)          //找9轮最大数
{for(j=i+1;j<=9;j++)       //选择本轮最大数
  if(a[i]<a[j])
  {t=a[i];
   a[i]=a[j];
   a[j]=t;
  }
}
```

完整的源程序：

```
#include <stdio.h>
int main(void)
{int a[10],i,j,t;
 printf("请输入10个整数(用空格分隔)：\n");
 for(i=0;i<10;i++)
   scanf("%d",&a[i]);
 for(i=0;i<=8;i++)          //找9轮最大数
  {for(j=i+1;j<=9;j++)      //选择本轮最大数
     if(a[i]<a[j])
       {t=a[i]; a[i]=a[j]; a[j]=t;}
  }
 printf("排序后的结果为：\n");
 for(i=0;i<10;i++)
   printf("%d ",a[i]);      //数据之间用空格分隔
 printf("\n");
 return 0;
}
```

【例6.6】 从键盘输入10个数，用改进的选择法按降序排序并输出。

编程思路：

（1）在原始的选择法中，为了找出10个数中的最大数，依次将a[0]与其余9个数组元素a[j]比较，只要a[j]大于a[0]，就将a[j]的值与a[0]的值相交换。

其实最终目的是找出10个数中的最大数，并将该最大数置入数组元素a[0]中。因此，完全可以先找出10个数中的最大数，再将该元素的值与a[0]的值交换，从而减少交换的次数。

可用如下程序段实现：

```
i=0;
k=i;                        //k保存10个数中最大数的下标
for(j=i+1;j<=9;j++)
{if(a[j]>a[k])
   k=j;
}
t=a[i];a[i]=a[k];a[k]=t;    //将10个数中的最大数与a[0]的值互换
```

（2）同样地，要找出剩余9个数中的最大数，并置入数组元素a[1]中，可用如下程序段实现。

```
i=1;
```

```
k=i;                              //k 保存 9 个数中最大数的下标
for(j=i+1;j<=9;j++)
{if(a[j]>a[k])
   k=j;
}
t=a[i];a[i]=a[k];a[k]=t;     //将 9 个数中的最大数与 a[1]的值互换
```

（3）以此类推，直至找出剩余 2 个数中的最大数，并置入数组元素 a[8]中，可用如下程序段实现。

```
i=8;
k=i;                              //k 保存 2 个数中最大数的下标
for(j=i+1;j<=9;j++)
{if(a[j]>a[k])
   k=j;
}
t=a[i];a[i]=a[k];a[k]=t;     //将 2 个数中的最大数与 a[8]的值互换
```

至此完成排序，总共需要 9 个单重循环。

（4）而上述 9 个单重循环可以合并为如下的一个双重循环。

```
for(i=0;i<=8;i++)
{k=i;                             //k 保存本轮最大数的下标
 for(j=i+1;j<=9;j++)
 {if(a[j]>a[k])
    k=j;
 }
 t=a[i];a[i]=a[k];a[k]=t;     //将本轮最大数 a[k]与 a[i]互换
```

完整的源程序：

```
#include <stdio.h>
int main(void)
{int a[10],t,i,j,k;
 printf("请输入 10 个整数(用空格分隔)：\n");
 for(i=0;i<=9;i++)
   scanf("%d",&a[i]);
 for(i=0;i<=8;i++)               //找 9 轮最大数
 {k=i;                          //k 保存本轮最大数的下标
   for(j=i+1;j<=9;j++)
    {if(a[j]>a[k])
       k=j;
    }
   t=a[i];a[i]=a[k];a[k]=t;     //将本轮最大数 a[k]与 a[i]互换
 }
 printf("排序后的结果为：\n");
 for(i=0;i<=9;i++)
   printf("%d,",a[i]);          //数据之间用逗号分隔
 printf("\n");
 return 0;
}
```

本程序还可以进一步改进，可以在数据交换之前首先进行判断。如果 k 与 i 的值相等（说明 a[k]就是 a[i]），则不需要交换；只有 k 与 i 的值不相等时，才需要交换。从而最大限度地减少数据交换的次数，提高程序的运行效率。

```
相应的源代码如下：
if(k!=i)                          //增加判断语句
{t=a[i];a[i]=a[k];a[k]=t;}       //将本轮最大数 a[k]与 a[i]互换
```

【例 6.7】 从键盘输入 10 个数，用冒泡法按升序排序并输出。

编程思路：

冒泡法总是将相邻的两个数进行比较，若是升序排序，则将较大数后移；若是降序排序，则将较小数后移。

（1）首先找出 10 个数中的最大数，并置入 a[9]中。

将 a[0]与 a[1]比较，如果 a[0]>a[1]，则将二者互换。

```
if(a[0]>a[1])
{t=a[0];
a[0]=a[1];
a[1]=t;
}
```

将 a[1]与 a[2]比较，如果 a[1]>a[2]，则将二者互换。

```
if(a[1]>a[2])
{t=a[1];
a[1]=a[2];
a[2]=t;
}
……
```

将 a[8]与 a[9]比较，如果 a[8]>a[9]，则将二者互换。

```
if(a[8]>a[9])
{t=a[8];
a[8]=a[9];
a[9]=t;
}
```

以上 9 条 if 语句，可以归纳为如下一个单重循环：

```
for(j=0;j<=8;j++)
if(a[j]>a[j+1])
{t=a[j];
a[j]=a[j+1];
a[j+1]=t;
}
```

（2）再找出其余 9 个数中的最大数，并置入 a[8]中，可用如下一个单重循环实现。

```
for(j=0;j<=7;j++)
if(a[j]>a[j+1])
{t=a[j];
a[j]=a[j+1];
a[j+1]=t;
}
```

（3）以此类推，直至找出剩余两个数中的最大数，并置入 a[1]中，最小数置入 a[0]中，可用如下一个单重循环实现。

```
for(j=0;j<=0;j++)
 if(a[j]>a[j+1])
  {t=a[j];
   a[j]=a[j+1];
   a[j+1]=t;
  }
```

至此，排序完成。

（4）显然，上述 9 个单重循环可以合并为如下的双重循环。

```
for(i=0;i<=8;i++)              //共 9 趟，每一趟将一个最大数沉到最底部
 {for(j=0;j<=8-i;j++)
    {if(a[j]>a[j+1])           //相邻的两个数比较
       {t=a[j];
        a[j]=a[j+1];
        a[j+1]=t;
       }
    }
 }
```

完整的源程序：

```
#include <stdio.h>
int main(void)
{int a[10],t,i,j,k;
 printf("请输入 10 个整数(用空格分隔)：\n");
 for(i=0;i<=9;i++)
   scanf("%d",&a[i]);
 for(i=0;i<=8;i++)             //共 9 趟，每一趟将一个最大数沉到最底部
   {for(j=0;j<=8-i;j++)
     {if(a[j]>a[j+1])          //相邻的两个数比较
        {t=a[j];
         a[j]=a[j+1];
         a[j+1]=t;
        }
     }
   }
 printf("升序排序后的结果：\n");
 for(i=0;i<=9;i++)
 printf("%d,",a[i]);           //数据之间用逗号分隔
 printf("\n");
 return 0;
}
```

【例 6.8】 编程序实现输入任意一个日期的年、月、日的值，求出从这一年的 1 月 1 日到这一天总共有多少天。

编程思路：

（1）首先求出从这一年的第一天到上月末的总天数，然后加上该日期中的日数即可。

（2）到上月末的天数，可以通过循环累加的方式求得，即将从一月份到上个月的天数

累加求和。

源程序：

```c
#include <stdio.h>
int main(void)
{int y,m,d,days,i;
 int mon[13]={0,31,28,31,30,31,30,31,31,30,31,30,31};//每个月的天数
 printf("请输入年、月、日(用空格分隔)：\n");
 scanf("%d%d%d",&y,&m,&d);
 if((y%4==0)&&(y%100!=0)||(y%400==0))
   mon[2]=29;                  //若是闰年则修正二月份的天数
 days=0;
 for(i=1;i<=m-1;i++)
   days=days+mon[i];        //累加 1 到 m-1 月的天数
 days=days+d;
 printf("从年初到这一天的总天数=%d\n",days);
 return 0;
}
```

请思考一下，如果不用数组存储每个月份的天数，程序该如何修改？进一步体会数组的优势。

【例 6.9】 编写程序将具有 n 个元素的一维数组的内容前后倒置。

【方法一】

倒置前：

a[0]	a[1]	a[2]	a[3]	a[4]	a[5]	a[6]	a[7]	a[8]	a[9]
1	3	5	7	9	2	4	6	8	0

倒置后：

a[0]	a[1]	a[2]	a[3]	a[4]	a[5]	a[6]	a[7]	a[8]	a[9]
0	8	6	4	2	9	7	5	3	1

图 6.1 一维数组的倒置

数组的倒置就是将一维数组中各个元素的值取出之后，再按照相反的位置次序重新存入原数组中，如图 6.1 所示。

编程思路：

（1）可以借助于另一个数组 b，来实现数组 a 的倒置；

（2）首先，将数组 a 的内容按反序传送到数组 b 中；

（3）然后，将数组 b 的内容按正序传回到数组 a 中，即可实现数组 a 的倒置。

其中，将数组 a 的内容按反序传送到数组 b 中可通过如下程序段实现。

```c
b[0]=a[n-1];
b[1]=a[n-2];
......
b[n-2]=a[1];
b[n-1]=a[0];
进而归纳为如下的单重循环：
 for(i=0;i<=n-1;i++)
   b[i]=a[n-1-i];
完整的源程序：
#include <stdio.h>
int main(void)
{int n,i;
 printf("请输入整数的总个数：");
 scanf("%d",&n);
```

```
int a[n],b[n];              //定义变长数组
printf("请输入%d 个整数(用空格分隔): \n",n);
for(i=0;i<n;i++)
  scanf("%d",&a[i]);
for(i=0;i<=n-1;i++)      //逆序传送到数组 b 中
  b[i]=a[n-1-i];
for(i=0;i<=n-1;i++)      //再正序传送到数组 a 中
  a[i]=b[i];
printf("倒置之后的结果: \n");
for(i=0;i<n;i++)
  printf("%d ",a[i]);
return 0;
}
```

该程序的算法简单易行,但需要占用额外的一个数组空间,因而具有较低的存储效率。为了提高存储效率,可以只借助于一个变量实现数组的倒置。

【方法二】

编程思路:

(1)可以发现,前后倒置实际上就是将对应元素的值进行互换,即将第 1 个元素与倒数第 1 个元素的值互换,将第 2 个元素与倒数第 2 个元素的值互换,以此类推。

(2)需要注意,若有 n 个元素,则需要进行 n/2 次互换,而不是 n 次。

(3)可以借助于一个中间变量 t,实现数组 a 中对应元素的互换。

(4)依次将 a[0]与 a[n-1]互换,将 a[1]与 a[n-2]互换,将 a[i]与 a[n-1-i]互换,直至完成 n/2 次互换。从而写出如下的程序段:

```
t=a[0];
a[0]=a[n-1];
a[n-1]=t;
t=a[1];
a[1]=a[n-2];
a[n-2]=t;
......
t=a[i];
a[i]=a[n-1-i];
a[n-1-i]=t;
......
```

进而归纳为如下的单重循环:

```
for(i=0;i<=n/2-1;i++)
{t=a[i];
 a[i]=a[n-1-i];
 a[n-1-i]=t;
 }
```

需要注意,i 的取值是 0~n/2-1,因为要进行 n/2 次互换。

完整的源程序:

```
#include <stdio.h>
int main(void)
{int n,i,t;
```

```
    printf("请输入整数的总个数: ");
    scanf("%d",&n);
    int a[n];                    //定义变长数组
    printf("请输入%d个整数(用空格分隔): \n",n);
    for(i=0;i<n;i++)
      scanf("%d",&a[i]);
    for(i=0;i<=n/2-1;i++)    //数组的前半部分与后半部分互换
     {t=a[i];
      a[i]=a[n-1-i];
      a[n-1-i]=t;
      }
    printf("倒置之后的结果: \n");
    for(i=0;i<n;i++)
      printf("%d ",a[i]);
    return 0;
    }
```

在该程序中实现倒置的循环部分, 利用变量 i 控制循环的次数, 并控制两个互换元素的下标值。其缺点是比较容易写错 i 的终值及右侧元素的下标值。

【方法三】

若改为利用两个变量 i、j 分别控制左、右两侧互换元素的下标值, 则可以比较好地解决上述问题。从而写出如下的程序段:

```
    i=0;
    j=n-1;
    while(循环条件)
    {t=a[i];
     a[i]=a[j];
     a[j]=t;
     i++;
     j--;
     }
```

那么, 这里的循环条件应该如何表示呢? 开始的时候 i<j, 而在循环过程中, i 的值不断加 1, j 的值不断减 1, 最终将会变成 i>=j, 此时应该停止互换。

若元素个数为奇数, 则当 i=j 时停止互换; 若元素个数为偶数, 则当 i>j 时停止互换。因此, 循环条件应为 i<j。

完整的源程序:

```
    #include <stdio.h>
    int main(void)
    {int n,i,j,t;
     printf("请输入整数的总个数: ");
     scanf("%d",&n);
     int a[n];                    //定义变长数组
     printf("请输入%d个整数(用空格分隔): \n",n);
     for(i=0;i<n;i++)
       scanf("%d",&a[i]);
     i=0;
```

C
语
言
程
序
设
计
新
思
路

```
 j=n-1;
 while(i<j)
  {t=a[i];
   a[i]=a[j];
   a[j]=t;
   i++;
   j--;
  }
 printf("倒置之后的结果：\n");
 for(i=0;i<n;i++)
  printf("%d ",a[i]);
 return 0;
}
```

【例 6.10】 编写程序从键盘输入一批 0~9 的整数，统计出其中每个整数出现的次数。要求在输入这批整数之前，先输入整数的个数，整数之间以空格分隔。

编程思路：

（1）定义变量 x 存储输入的一个整数，数组 int c[10]存储 0~9 的整数出现的次数。

（2）输入一个整数，存入变量 x 中。

（3）判断变量 x 的值是 0~9 的哪一个数，然后对数组 c 中相应的元素进行加 1 计数。

（4）循环执行第（2）和第（3）步，直至所有的整数完成输入及计数。

（5）最后输出统计结果。

源程序：

```
#include <stdio.h>
int main(void)
{int x,n,i,c[10]={0};
 printf("请输入整数总个数：");
 scanf("%d",&n);
 printf("请输入%d个0-9的整数：(用空格分隔)\n",n);
 for(i=0;i<n;i++)
 {scanf("%d",&x);
  if(x==0)       c[0]++;
  else if(x==1) c[1]++;
  else if(x==2) c[2]++;
  else if(x==3) c[3]++;
  else if(x==4) c[4]++;
  else if(x==5) c[5]++;
  else if(x==6) c[6]++;
  else if(x==7) c[7]++;
  else if(x==8) c[8]++;
  else if(x==9) c[9]++;
 }
 for(i=0;i<10;i++)
  printf("%d的出现次数=%d\n",i,c[i]);
 return 0;
}
```

通过观察可以发现，在每个 if 分支中，数组 c 的元素下标与 x 的值恰好是相同的。从而将循环统计部分改写为如下的程序段：

```
for(i=0;i<n;i++)
{scanf("%d",&x);
 if(x==0)      c[x]++;
 else if(x==1) c[x]++;
 else if(x==2) c[x]++;
 else if(x==3) c[x]++;
 else if(x==4) c[x]++;
 else if(x==5) c[x]++;
 else if(x==6) c[x]++;
 else if(x==7) c[x]++;
 else if(x==8) c[x]++;
 else if(x==9) c[x]++;
}
```

此时可以发现，每个 if 分支所执行的语句都是相同的，因此这里的分支选择其实是多余的。从而简化为如下的程序段：

```
for(i=0;i<n;i++)
{scanf("%d",&x);
 c[x]++;
}
```

完整的源程序：

```
#include <stdio.h>
int main(void)
{int x,n,i,c[10]={0};
 printf("请输入整数总个数: ");
 scanf("%d",&n);
 printf("请输入%d 个 0-9 的整数: (用空格分隔)\n",n);
 for(i=0;i<n;i++)
   {scanf("%d",&x);
    c[x]++;
   }
 for(i=0;i<10;i++)
   printf("%d 的出现次数=%d\n",i,c[i]);
 return 0;
}
```

6.2　二　维　数　组

二维数组包括若干行若干列，相当于数学中的矩阵。通常用于存储一组可以分为若干行若干列的数据。

6.2.1　二维数组的定义

二维数组定义的一般形式为

类型说明符 数组名[行数][列数];

其中，行数和列数一般是正整数，也可以是整型常量的表达式。在 C99 标准中允许定义变长二维数组，即行数和列数可以是整型变量的表达式。

例如：

```
    int a[3][4];
```

该语句定义了一个三行四列的数组 a，该数组包含了如下 12 个 int 型的数组元素：

a[0][0],a[0][1],a[0][2],a[0][3]

a[1][0],a[1][1],a[1][2],a[1][3]

a[2][0],a[2][1],a[2][2],a[2][3]

在内存中，二维数组的元素是按照行优先顺序连续存放的，即首先存放第 0 行的所有元素，然后存放第 1 行的所有元素，以此类推。

6.2.2　二维数组的初始化

可以在定义二维数组的同时，给数组元素赋初值，称为二维数组的初始化。二维数组的初始化有下面几种形式。

（1）对二维数组不分行初始化。

例如：

```
int a[2][3]={1,2,3,4,5,6};
```

（2）对二维数组分行初始化。

例如：

```
int a[2][3]={{1,2,3},{4,5,6}};
```

（3）可以只对二维数组的部分元素赋初值。

例如：

```
int a[3][4]={{1},{2},{3}};
```

此时，未经赋值的数组元素，系统自动将其赋值为 0。

（4）在初始化二维数组时，数组的行数可以缺省，而数组的列数不能缺省。

例如：

```
int a[][3]={{1,2,3},{4,5,6}};
```

此时，系统可以按照初值的个数来确定二维数组的行数。

6.2.3　二维数组的引用

在程序中，一般不能将二维数组作为一个整体操作，而只能针对二维数组的元素进行操作。按照二维数组的逻辑结构特点，在编写程序时通常可以利用双重循环来处理二维数组的元素。

【例 6.11】　已知一个 3 行 4 列的二维数组 int a[3][4]={1,2,3,4,5,6,7,8,9, 10,11,12}，要求分行输出该二维数组的所有元素值。

编程思路：

（1）要输出该数组第 0 行的所有元素，可用如下程序段实现。

```
printf("%6d",a[0][0]);            //每个数据占 6 个字符宽度
printf("%6d",a[0][1]);
printf("%6d",a[0][2]);
printf("%6d",a[0][3]);
```

而以上程序段，可以归纳为如下的单重循环：

```
for(j=0;j<=3;j++)
  printf("%6d",a[0][j]);
```

（2）要分行输出该数组的所有元素，可用如下 3 个单重循环实现。

```
for(j=0;j<=3;j++)
  printf("%6d",a[0][j]);
printf("\n");
for(j=0;j<=3;j++)
  printf("%6d",a[1][j]);
printf("\n");
for(j=0;j<=3;j++)
  printf("%6d",a[2][j]);
printf("\n");
```

（3）以上三个单重循环，可以合并为如下的双重循环。

```
for(i=0;i<=2;i++)
  {for(j=0;j<=3;j++)
    printf("%6d",a[i][j]);
    printf("\n");
  }
```

完整的源程序：

```
#include <stdio.h>
int main(void)
{int a[3][4]={1,2,3,4,5,6,7,8,9,10,11,12},i,j;
 for(i=0;i<=2;i++)              //外循环控制行号
  {for(j=0;j<=3;j++)           //内循环控制列号
     printf("%6d",a[i][j]);    //每个数据占 6 个字符宽度，以便于排列整齐
   printf("\n");               //换行
  }
 return 0;
}
```

由此可见，在处理二维数组的元素时，通常可以采用双重循环。若按照行优先顺序处理二维数组的元素，则用外循环控制行号，用内循环控制列号；若按照列优先顺序处理二维数组的元素，则用外循环控制列号，用内循环控制行号。

6.2.4　二维数组应用举例

【例 6.12】 从键盘上输入 m 名学生 n 门课程的成绩，求出每名学生的平均成绩并输出。

编程思路：

首先将 m 名学生 n 门课程的成绩存入一个 m 行 n 列的二维数组中，则求每名学生的平均分就是求该数组每一行所有元素的平均值。

（1）定义三个变长数组 g[m][n]、s[m]和 a[m]，分别用于存放课程成绩、每名学生的总分和平均分。

（2）将 m 名学生 n 门课程的成绩存入二维数组 g 中。

（3）累加求得每名学生的总分并存入数组 s 中。

（4）求得每名学生的平均分并存入数组 a 中。

（5）输出数组 a 中所有元素的值。

若要求第 0 名学生的平均分，可用如下程序段实现：

```
i=0;
s[i]=0;                        //s[0]是第 0 名学生的总分
for(j=0;j<n;j++)
  s[i]=s[i]+g[i][j];          //累加所有第 0 行元素，求第 0 名学生的总分
a[i]=s[i]/n;                   //a[0]是第 0 名学生的平均分
```

若要求 m 名学生的平均分，可用如下双重循环实现：

```
for(i=0;i<m;i++)              //行优先次序，外循环控制行号，内循环控制列号
  {s[i]=0;                    //s[i]是第 i 名学生的总分
   for(j=0;j<n;j++)
    s[i]=s[i]+g[i][j];       //累加所有第 i 行元素，求第 i 名学生的总分
   a[i]=s[i]/n;  }           //a[i]是第 i 名学生的平均分
```

从而得出完整的源程序：

```
#include <stdio.h>
int main(void)
{int m,n,i,j;
 printf("请输入学生的个数 m 和课程门数 n(用空格分隔)：\n");
 scanf("%d%d",&m,&n);
 float g[m][n],s[m],a[m];     //定义变长数组
 for(i=0;i<m;i++)             //行优先次序，外循环控制行号，内循环控制列号
   {printf("请输入第%d 名学生的%d 门课程成绩(用空格分隔)：\n",i,n);
    for(j=0;j<n;j++)
      scanf("%f",&g[i][j]);  //g[i][j]是第 i 名学生第 j 门课程的成绩
   }
 for(i=0;i<m;i++)             //行优先次序，外循环控制行号，内循环控制列号
  {s[i]=0;                    //s[i]是第 i 名学生的总分
   for(j=0;j<n;j++)
    s[i]=s[i]+g[i][j];       //累加所有第 i 行元素，求第 i 名学生的总分
   a[i]=s[i]/n;              //a[i]是第 i 名学生的平均分
   }
 printf("所有学生的平均分：\n");
 for(i=0;i<m;i++)
   printf("%.2f\n",a[i]);
return 0;
}
```

【例 6.13】 从键盘上输入 m 名学生 n 门课程的成绩，然后求出每门课程的平均成绩并输出。

编程思路：

首先将 m 名学生 n 门课程的成绩存入一个 m 行 n 列的二维数组中，则求每门课程的平均分就是求该数组每一列所有元素的平均值。

（1）定义三个变长数组 g[m][n]、s[n]和 a[n]，分别用于存放课程成绩、课程总分和课程平均分。

（2）将 m 名学生 n 门课程的成绩存入二维数组 g 中。

（3）累加求得每门课程的总分并存入数组 s 中。

（4）求得每门课程的平均分并存入数组 a 中。

（5）输出数组 a 中所有元素的值。

若要求第 0 门课程的平均分，可用如下程序段实现：

```
j=0;
s[j]=0;                      //s[0]是第0门课程的总分
for(i=0;i<m;i++)
  s[j]=s[j]+g[i][j];         //累加所有第0列元素，求第0门课程的总分
a[j]=s[j]/m;                 //a[0]是第0门课程的平均分
```

若要求 n 门课程的平均分，可用如下双重循环实现：

```
for(j=0;j<n;j++)             //列优先次序，外循环控制列号，内循环控制行号
  {s[j]=0;                   //s[j]是第j门课程的总分
   for(i=0;i<m;i++)
    s[j]=s[j]+g[i][j];       //累加所有第j列元素，求第j门课程的总分
   a[j]=s[j]/m; }            //a[j]是第j门课程的平均分
```

从而得出完整的源程序：

```
#include <stdio.h>
int main(void)
{int m,n,i,j;
 printf("请输入学生的个数m和课程门数n(用空格分隔)：\n");
 scanf("%d%d",&m,&n);
 float g[m][n],s[n],a[n];    //定义变长数组
 for(i=0;i<m;i++)                      //行优先次序，外循环控制行号，内循环控制列号
  {printf("请输入第%d名学生的%d门课程成绩(用空格分隔)：\n",i,n);
   for(j=0;j<n;j++)
     scanf("%f",&g[i][j]);   //g[i][j]是第i名学生第j门课程的成绩
   }
 for(j=0;j<n;j++)            //列优先次序，外循环控制列号，内循环控制行号
   {s[j]=0;                  //s[j]是第j门课程的总分
    for(i=0;i<m;i++)
      s[j]=s[j]+g[i][j];     //累加所有第j列元素，求第j门课程的总分
    a[j]=s[j]/m;             //a[j]是第j门课程的平均分
   }
 printf("所有课程的平均分：\n");
 for(j=0;j<n;j++)
   printf("%.2f\n",a[j]);
 return 0;
}
```

因为该程序中的二维数组是按列求和（列优先次序），故用外循环控制数组元素的列号，内循环控制数组元素的行号。

【例 6.14】 编写程序按如下格式输出杨辉三角的前 6 行。

```
1
1   1
1   2   1
1   3   3   1
1   4   6   4   1
1   5   10  10  5   1
```

可以发现,杨辉三角两腰上的元素均为 1, 而其他元素的值等于上一行相邻两个元素的值之和。

编程思路:

（1）定义一个二维数组 y[6][6], 用于存储杨辉三角。

（2）将每一行第 0 列和每一行主对角线元素的值置 1。

（3）按照杨辉三角的规律, 求出其他元素的值。

（4）输出结果。

源程序:

```
#include <stdio.h>
#define N 6
int main(void)
{int y[N][N],i,j;
 for(i=0;i<N;i++)
   {y[i][0]=1;     //第 0 列元素置 1
    y[i][i]=1;     //主对角线元素置 1
   }
 for(i=2;i<=N-1;i++)      //外循环控制行号
   for(j=1;j<=i-1;j++)    //内循环控制列号
     y[i][j]=y[i-1][j-1]+y[i-1][j];   //计算第 i 行第 j 列元素值
 for(i=0;i<=N-1;i++)
   {for(j=0;j<=i;j++)
     printf("%6d", y[i][j]);   //每个数据占 6 个字符宽度
    printf("\n");              //换行
   }
 return 0;
}
```

【例 6.15】 编写程序实现将一个 m 行 n 列的矩阵转置。

编程思路:

（1）首先定义两个变长二维数组 a[m][n]和 b[n][m], 分别用于存储转置前和转置后的矩阵。

（2）循环执行语句 b[i][j]=a[j][i];进行转置, 即将原来的行变为列, 列变为行。

（3）输出转置前的矩阵和转置后的矩阵。

源程序:

```
#include <stdio.h>
int main(void)
{int m,n,i,j;
 printf("请输入原始矩阵的行数 m 和列数 n(用空格分隔): \n");
 scanf("%d%d",&m,&n);
 int a[m][n],b[n][m];   //定义变长二维数组
 printf("请输入原始矩阵: \n");
 for(i=0;i<m;i++)
   for(j=0;j<n;j++)
     scanf("%d",&a[i][j]);
 for(i=0;i<n;i++)                   //外循环控制行号
   for(j=0;j<m;j++)                 //内循环控制列号
```

```
            b[i][j]=a[j][i];              //原先的行元素成为列元素
   printf("原始矩阵如下: \n");
   for(i=0;i<m;i++)
    {for(j=0;j<n;j++)
       printf("%6d", a[i][j]);   //每个数据占 6 个字符宽度
     printf("\n");
    }
   printf("转置矩阵如下: \n");
   for(i=0;i<n;i++)
    {for(j=0;j<m;j++)
       printf("%6d", b[i][j]);   //每个数据占 6 个字符宽度
     printf("\n");
    }
   return 0;
}
```

程序运行结果:

```
请输入原始矩阵的行数 m 和列数 n(用空格分隔):
3  3
请输入原始矩阵:
1  2  3
4  5  6
7  8  9
原始矩阵如下:
1  2  3
4  5  6
7  8  9
转置矩阵如下:
1  4  7
2  5  8
3  6  9
```

第7章 指　针

　　C 语言之所以被认为是功能最强大的语言之一，其中一个主要原因是其具有极高的自由度，而这个自由度在指针方面得到了充分的体现。指针是 C 语言中最具特色的部分，具有功能异常强大和用法极其灵活的特点。利用指针可以编写出既简洁又高效的程序，但过于灵活的指针功能也会带来一些副作用。

7.1　变量的指针与指针变量

　　为了理解指针的概念，先来看一下数据在内存中是如何存储的。在一个程序运行之前，需要首先将程序的代码和数据存入计算机内存中。为便于管理，通常将内存划分为一个一个的内存单元，在当今的计算机中一般以 1 字节作为一个内存单元。同时，给每个内存单元分配一个编号，称为内存单元的地址。

7.1.1　指针

　　C 语言程序中的数据，在内存中所占用内存单元的个数是由其类型决定的。例如，int 型数据占用 4 个内存单元，char 型数据占用 1 个内存单元。

　　可以发现，不管一个变量占用几个内存单元，只要知道了这个变量第一个单元的地址和这个变量的长度，就能够从内存中找到这个变量。因此，C 语言规定：将一个变量所占内存单元区的首地址，简称为这个变量的地址。

　　例如，有如下变量定义：

```
int a;
char ch;
```

　　假设 C 语言编译系统对这两个变量的内存分配情况如图 7.1（a）所示，那么就说变量 a 的地址是 2009，变量 ch 的地址是 2013。

图 7.1　变量的地址与变量的值

一旦为变量分配了内存单元，对变量的操作实质上就是对其内存单元的操作。

例如：

```
a=100;
ch='A';
```

这两条赋值语句实现的功能，就是将整数 100 的二进制补码形式，存入从地址 2009 开始的 4 个连续内存单元中，将字符常量'A'的二进制 ASCII 码存入地址为 2013 的 1 个内存单元中，如图 7.1（b）所示。

什么是指针呢？一个变量的指针其实就是这个变量的地址。只不过指针这个名称，在某些场合显得更加形象一些。

7.1.2　指针变量

在程序中，有时需要将一个变量的地址存储到另一个变量中。那么，这种专门用来存储其他变量地址（指针）的变量，就称为指针变量。

如果在一个指针变量中存储了另一个变量的地址，就形象地说该指针变量指向了这个变量。

指针变量也必须先定义后使用，定义指针变量的一般形式为

```
类型说明符 *变量名;
```

其中，"*"表明这是一个指针变量；"类型说明符"是这个指针变量所指向的变量的数据类型。

例如：

```
int *p;
float *q;
```

其中，p、q 都是指针变量，不过二者是有区别的。p 是指向 int 型变量的指针变量，只能存储一个 int 型变量的地址；q 是指向 float 型变量的指针变量，只能存储一个 float 型变量的地址。

需要注意，这里的"*"是指针类型的符号，但并不是变量名的组成部分。也就是说，这里定义的指针变量名是 p、q，而不是*p、*q。

7.2　变量的间接引用

指针的基本功能是实现变量的间接引用。为了实现这种功能，在程序中需要使用两个最基本的运算符：&和*。

7.2.1　取地址运算符&

取地址运算符&用于得到一个变量的地址。其一般引用形式为

```
&变量名
```

该表达式的运算结果就是取地址运算符&之后的变量的内存地址。

【例 7.1】　获取变量的地址示例。

```
#include <stdio.h>
int main(void)
```

```
{
 int i,*q;
 q=&i;                   /*将变量 i 的地址赋给指针变量 q */
 printf("q=%p\n",q);     /* %p 用于以十六进制形式输出地址值 */
 return 0;
}
```
程序运行结果：
```
q=000000000022FE44
```
需要注意，该程序的运行结果并不是固定不变的。因为变量 i 的内存空间是由编译系统随机分配的，所以这一次运行的结果跟下一次运行的结果有可能是不一样的。

一旦将变量 i 的地址赋给了指针变量 q，就形象地说 q 指向了变量 i，如图 7.2 所示。

图 7.2 &运算符的使用

7.2.2 间接引用运算符*

间接引用运算符*也称作指针运算符，其一般使用形式为
```
*指针变量
```
该表达式的功能是间接引用给定的指针变量所指向的变量。

【例 7.2】 通过指针变量实现间接引用。
```
#include <stdio.h>
int main(void)
{int a,b,*p,*q;
 a=10;
 b=20;
 p=&a;      /*不能写成*p=&a;*/
 q=&b;      /*不能写成*q=&b;*/
 *p=100;
 *q=200;
 printf("a=%d,b=%d\n",a,b);
 return 0;
}
```
程序运行结果：
```
a=100,b=200
```
这里的*p 代表指针变量 p 所指向的变量，即变量 a，因此*p=100 与 a=100 是等价的；*q 代表指针变量 q 所指向的变量，即变量 b，因此*q=200 与 b=200 是等价的。

由此可见，对变量的访问有以下两种引用方式。

（1）直接引用，即通过一个变量的变量名本身直接访问它。

例如：
```
a=10;
```
（2）间接引用，即通过一个指针变量对另一个变量进行间接访问。

例如：
```
int a,*p;
p=&a
*p=100;
```

这里的*p 就是对变量 a 的间接引用。

【例 7.3】 通过间接引用方式，交换两个整型变量的值。

编程思路：

欲采用间接引用方式访问两个整型变量，需首先定义两个指针变量，并使之分别指向这两个整型变量。

源程序：

```
#include <stdio.h>
int main(void)
{
    int a,b,t;
    int *p1,*p2;
    a=123;
    b=456;
    p1=&a;
    p2=&b;
    t=*p1;              /*此语句等价于 t=a; */
    *p1=*p2;            /*此语句等价于 a=b; */
    *p2=t;             /*此语句等价于 b=t; */
    printf("a=%d,b=%d\n",a,b);
    printf("*p1=%d,*p2=%d\n",*p1,*p2);
    return 0;
}
```

程序运行结果：

```
a=456,b=123
*p1=456,*p2=123
```

在该程序中，由于指针变量 p_1 和 p_2 分别指向变量 a 和 b，所以*p_1 就是变量 a 的间接引用，*p_2 就是变量 b 的间接引用。

或许有人会问，在该程序中采用间接引用的形式有什么优势吗？其实并没有，此例只是用来说明如何采用间接引用的形式来访问变量。指针的优势主要体现在后面几章的字符串处理和跨函数间接引用等方面。

7.2.3 指针变量的初始化

在定义一个指针变量的同时给它赋值，称为指针变量的初始化。

例如：

```
int a,*p=&a;
```

要特别注意，上述语句的功能等价于以下这两条语句：

```
int a,*p;
p=&a;               //使得 p 指向变量 a
```

而不是以下这两条语句：

```
int a,*p;
*p=&a;              //不是使得*p 指向变量 a
```

因为这里的*p 不是指针变量名，所以不能存储地址。这就是 C 语言的特点，有时候过于灵活与简洁往往容易产生歧义。

C 语言程序设计新思路

几点说明：

（1）不能使用未经赋值的指针变量进行间接引用。这是因为在计算机的内存中，通常有多个程序同时运行。为了避免不同程序之间相互干扰而造成内存数据覆盖，规定每个程序只能访问在该程序中明确分配的内存数据区（如在该程序中定义的变量和数组的内存单元）。

未经赋值的指针变量的值是随机的，它指向随机的内存单元，这些内存单元不属于明确分配的内存数据区，因而是禁止访问的。

【错例】

```c
#include <stdio.h>
int main(void)
{int *p;
 *p=100;              /*指针变量 p 未经赋值*/
 printf("*p=%d\n",*p);
 return 0;
}
```

该程序运行时，将会显示应用程序错误提示，如图 7.3 所示。

（2）不能通过指定具体地址的方式对内存单元进行间接引用。这是因为在 C 语言中，内存单元是由编译系统负责管理和分配的。用户并不知道哪些内存单元是可用的，所以不能由用户直接指定内存单元的地址。

图 7.3　应用程序错误提示

【错例】

```c
#include <stdio.h>
int main(void)
{int *p;
 p=2000;              /*不能直接指定内存单元的地址*/
 *p=100;
 printf("*p=%d\n",*p);
 return 0;
}
```

该程序运行时，同样将会显示如图 7.3 所示的错误提示。

（3）两个类型不同的指针量之间，不能直接赋值。

例如：

```c
int a,*p ;
float x,*q;
p=&x;
q=&a;
```

这里的 p=&x;和 q=&a;都是错误的，因为赋值运算符两侧的类型不是赋值兼容的。

7.3　指针与一维数组

在 C 语言中，数组与指针的关系非常密切，可以说凡是用数组解决的问题都可以用指针解决。同时，可以通过指针灵活地访问数组的元素。

7.3.1　指向一维数组元素的指针

从本质上来说，一维数组的元素也是一个变量，也有自己的地址，因此完全可以定义指向一维数组元素的指针，如图 7.4 所示。

例如：

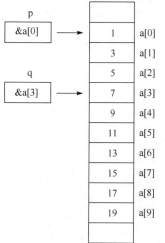

```
int a[10],*p,*q;
p=&a[0];
q=&a[3];
```

可以发现，这种数组元素地址的表示形式略显烦琐。为了使用方便，C 语言规定：可以用一个一维数组的数组名来代表这个数组中 0 号元素的地址。

例如，若有 int a[10],*p;，则 p=a;等价于 p=&a[0];，因为这里的 a 就代表了 a[0]的地址。

7.3.2　通过指针引用一维数组元素

有了指向数组元素的指针，如何通过指针来引用一维数组的元素呢？

图 7.4　一维数组与指针

这里需要先明确一个问题，若有以下语句：

```
int a[10],*p;
p=a;
```

则指针变量 p 指向数组元素 a[0]的第一个单元，那么 p+1 将会指向哪一个内存单元呢？看起来有两种选择，一种是 p+1 指向数组元素 a[0]的第二个单元；另一种是 p+1 指向数组元素 a[1]的第一个单元。如果选择前一种，那么指针的运算将会相当烦琐。

因此 C 语言规定，若指针 p 指向一维数组中的某个元素，则 p+1 将会指向该数组中的下一个元素，而不论每个数组元素占用几个内存单元。

【例 7.4】　指针加减整数示例。

```
#include <stdio.h>
int main(void)
{int a[10],*p=&a[5];
 printf("p=%p\n",p);
 printf("p+1=%p\n",p+1);
 printf("p-1=%p\n",p-1);
 return 0;
}
```

程序运行结果：

```
p=000000000022FE34
p+1=000000000022FE38
p-1=000000000022FE30
```

可以发现，对于指向 int 型的指针，指针值加 1 将导致地址值加 4，从而验证了前面的规定。

在此规定的基础上，可以得到如下几条推论：

（1）如果 a 是一个一维数组，那么 a+i 就是数组元素 a[i]的地址（等价于&a[i]），从而*（a+i）就代表数组元素 a[i]。

（2）如果 a 是一个一维数组，而指针变量 p 指向 a[0]，那么 p+i 就是数组元素 a[i] 的地址（等价于&a[i]）；从而*（p+i）就代表数组元素 a[i]，如图 7.5 所示。

下面，通过几个简单的例子，来总结一下访问一维数组的几种常用形式。

【例 7.5】 从键盘输入 10 个整数存入一个一维数组中，然后逆序输出。要求使用数组名和间接引用运算符引用数组的元素。

图 7.5 一维数组元素的间接访问

源程序：

```c
#include <stdio.h>
int main(void)
{int a[10],i;
 for(i=0;i<=9;i++)
   scanf("%d",a+i);         /* 等价于 scanf("%d",&a[i]);*/
 for(i=9;i>=0;i--)
   printf("%d ",*(a+i));    /* 等价于 printf("%d ",a[i]);*/
 return 0;
}
```

【例 7.6】 从键盘输入 10 个整数存入一个一维数组中，然后逆序输出。要求使用指针变量引用数组元素。

源程序：

```c
#include <stdio.h>
int main(void)
{
 int a[10],*p=a,i;
 for(i=0;i<=9;i++)
   scanf("%d",p+i);         /* 等价于 scanf("%d",&a[i]);*/
 for(i=9;i>=0;i--)
   printf("%d ",*(p+i));    /* 等价于 printf("%d ",a[i]);*/
 return 0;
}
```

可以发现，在该程序中为了访问不同的数组元素，改变的不是指针变量 p 的值，而是整型变量 i 的值。

还有一点需要特别说明，在该程序中，虽然 p 是一个指针变量而不是一个数组，但是 C 语言却允许将指针形式的*（p+i）表示为数组元素形式的 p[i]，从而也允许将指针 p+i 表示为&p[i]。

从而得到如下的源程序：

```c
#include <stdio.h>
int main(void)
{int a[10],*p=a,i;
 for(i=0;i<=9;i++)
   scanf("%d",&p[i]);       /* 等价于 scanf("%d",p+i);*/
 for(i=9;i>=0;i--)
   printf("%d ",p[i]);      /* 等价于 printf("%d ",*(p+i));*/
```

```
    return 0;
}
```

【例 7.7】 从键盘输入 10 个整数存入一个一维数组中，然后逆序输出。要求利用指针变量自身的变化来引用不同的数组元素。

编程思路：

（1）若有 int a[10],*p;，则可用如下语句组输入 10 个整数并存入数组 a 中。

```
scanf("%d",a);          //a 等价于&a[0]
scanf("%d",a+1);        //a+1 等价于&a[1]
......
scanf("%d",a+9);        //a+9 等价于&a[9]
```

可以归纳为如下的单重循环：

```
for(p=a;p<=a+9;p++)
 scanf("%d",p);
```

（2）要按反序输出数组 a 的 10 个元素，可用如下的语句组实现。

```
printf("%d ",*(a+9));   //*(a+9) 等价于 a[9]
printf("%d ",*(a+8));   //*(a+8) 等价于 a[8]
......
printf("%d ",*a);       //*a 等价于 a[0]
```

可以归纳为如下的单重循环：

```
for(p=a+9;p>=a;p--)
 printf("%d ",*p);
```

完整的源程序：

```
#include <stdio.h>
int main(void)
{int a[10],*p;
 for(p=a;p<=a+9;p++)
   scanf("%d",p);
 for(p=a+9;p>=a;p--)
   printf("%d ",*p);
 return 0;
}
```

在这些程序中利用指针来间接引用数组的元素有什么优势吗？其实并没有。指针引用数组元素的优势主要体现在后面几章的字符串处理和跨函数间接引用等方面。

两点说明：

（1）数组和指针变量是不是可以完全互换呢？当然不是。其实，数组名是指针常量，而非指针变量，因为它始终指向数组的 0 号元素。

例如，若有 int a[10],*p;p=a;，则 a 为指针常量，p 为指针变量。故 p=p+1 正确，而 a=a+1 是错误的（不能对指针常量赋值）。

（2）一个指针可以与整型数据相加减；两个相同类型的指针（通常是指向同一个数组中不同元素的指针）可以相减、相比较，但不能相加。

例如：

```
int a[10],*p,*q;
p=&a[0];
q=&a[3];
```

则 q-p 的结果为 3，但是 p+q 是没有意义的。

由于标量类型变量的内存空间是随机分配的，并不像数组元素那样连续且有序分配，所以两个标量类型变量的指针之差并不是一个固定值。

例如：

```
int x,y,*p,*q;
p=&x;
q=&y;
```

则 q-p 的结果不是一个固定值。

7.4 拓展：指针与二维数组

7.4.1 指向二维数组元素和行的指针

1. 用行数组名引用二维数组的元素

在 C 语言中，二维数组中的一行可以看作一个一维数组。例如，若有二维数组 int a[3][4]，则其第 i 行的所有元素 a[i][0]、a[i][1]、a[i][2]和 a[i][3]可以看作一个一维数组，而 a[i]就是其数组名（此为关于二维数组的辩证法之一）。

由此可以得出如下几条推论：

（1）既然 a[i]是第 i 行的数组名，那么 a[i]就是第 i 行 0 号元素 a[i][0]的地址。

（2）a[i]+j 就是数组元素 a[i][j]的地址。

（3）从而*（a[i]+j）也就是数组元素 a[i][j]。

【例 7.8】　编写程序定义一个 3 行 4 列的二维数组 a，然后输入 12 个整数存入数组 a 中，最后分行输出数组 a 中所有元素的值。要求使用二维数组中各行的数组名引用数组的元素。

源程序：

```
#include <stdio.h>
int main(void)
{int a[3][4],i,j;
 for(i=0;i<3;i++)
  for(j=0;j<4;j++)
   scanf("%d",a[i]+j);        //等价于scanf("%d",&a[i][j]);
 for(i=0;i<3;i++)
 {for(j=0;j<4;j++)
   printf("%6d",*(a[i]+j));  //等价于printf("%6d",a[i][j]);
 printf("\n");
 }
 return 0;
}
```

2. 用二维数组名引用二维数组的元素

从另一个角度来说，若将二维数组中的一行看作一个数组元素，则整个二维数组 a 将变成一个只有三个元素的一维数组，这三个元素分别是 a[0]、a[1]和 a[2]（此为关于二维数组的辩证法之二）。

由此可以得出如下几条推论：

（1）该一维数组的数组名 a，就是其 0 号元素 a[0]（二维数组的第 0 行）的地址。

（2）而 a+i 就是元素 a[i]（二维数组的第 i 行）的地址，从而*（a+i）等价于 a[i]。

（3）因为 a[i] 是第 i 行 0 号元素 a[i][0] 的地址，所以*（a+i）也是第 i 行 0 号元素 a[i][0] 的地址。

（4）而*（a+i）+j 就是数组元素 a[i][j] 的地址。

（5）从而*（*（a+i）+j）也就是数组元素 a[i][j]。上述指针对应关系如图 7.6 所示。

两点说明：

（1）这里的 a 和 a+i 都是指向二维数组中某一行的指针，称为行指针。将行指针的值加 1 则指向下一行。

（2）这里的 a[i]、a[i]+j、*（a+i）和*（a+i）+j 都是指向二维数组中某个元素的指针，称为元素指针。将元素指针的值加 1 则指向下一个元素。

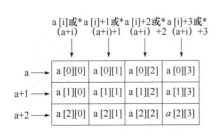

图 7.6　二维数组的指针

【例 7.9】　编写程序定义一个 3 行 4 列的二维数组 a，然后输入 12 个整数存入数组 a 中，最后分行输出数组 a 中所有元素的值。要求使用二维数组名引用数组的元素。

源程序：

```
#include <stdio.h>
int main(void)
{int a[3][4],i,j;
 for(i=0;i<3;i++)
  for(j=0;j<4;j++)
   scanf("%d",*(a+i)+j);          //等价于 scanf("%d",&a[i][j]);
 for(i=0;i<3;i++)
 {for(j=0;j<4;j++)
   printf("%6d",*(*(a+i)+j)); //等价于 printf("%6d",a[i][j]);
  printf("\n");
 }
 return 0;
}
```

7.4.2　行指针变量

行指针变量是用于存储二维数组中行地址的变量。行指针也被称为指向一维数组的指针，但是它通常用于指向二维数组中的一行，而极少用于指向某个单独的一维数组，因此称其为行指针更贴切。定义行指针变量的一般形式为

类型说明符 (*变量名)[行长度];

其中，"类型说明符"是二维数组中元素的类型；"行长度"表示一行的长度，也就是二维数组的列数。

例如：

int (*p)[4];

该语句定义了一个行指针变量 p，该指针变量只能用于指向每行有 4 列 int 型元素的二

维数组中的某一行。

需要注意，在定义行指针变量时，变量名两边的括号不可少。若无括号，则表示定义指针数组，意义完全不同。

【例 7.10】 编写程序定义一个 3 行 4 列的 int 型二维数组 a，然后输入 12 个整数存入数组 a 中，最后分行输出数组 a 中所有元素的值。要求使用行指针变量，引用二维数组的元素。

编程思路：

（1）由于二维数组 a 的每一行有 4 个元素，所以定义行指针变量 int （*p）[4]。

（2）让行指针变量 p 指向二维数组 a 的第 0 行，也就是 p=a。

（3）p+i 将指向二维数组 a 的第 i 行。因此，*（p+i）就代表了数组 a 的第 i 行 a[i]，从而*（p+i）就等价于 a[i]。

（4）既然 a[i]是 a[i][0]的地址，那么*（p+i）也是 a[i][0]的地址。

（5）从而*（p+i）+1 就是 a[i][1]的地址，而*（p+i）+j 就是 a[i][j]的地址。

（6）*（*（p+i）+j）就代表了数组元素 a[i][j]。

源程序：

```
#include <stdio.h>
int main(void)
{int a[3][4],i,j;
 int (*p)[4];      //定义行指针变量 p
 p=a;              // p指向二维数组 a 的第 0 行
 for(i=0;i<3;i++)
  for(j=0;j<4;j++)
   scanf("%d",*(p+i)+j);      //等价于 scanf("%d",&a[i][j]);
 for(i=0;i<3;i++)
 {for(j=0;j<4;j++)
   printf("%6d",*(*(p+i)+j));  //等价于 printf("%6d",a[i][j]);
  printf("\n");
 }
 return 0;
}
```

可以发现，本程序与例 7.9 很相似，只是将数组名 a 换成了指针变量 p。这里的 a 是行指针常量，而 p 是行指针变量。

由于采用指针间接引用二维数组元素的形式，相对于普通的数组元素形式并无优势，所以在实际编程中较少使用。

7.5 拓展：指针数组与二重指针

7.5.1 指针数组

指针数组是用于存储一组类型相同的指针的数组。定义指针数组的一般形式为

类型说明符 *数组名[数组长度];

例如：

int *p[3];

第 7 章 指针

该语句定义了一个包含 3 个元素的指针数组 p，它的每个元素都是一个指向 int 型数据的指针变量。指针数组 p 的元素，既可以指向 int 型的变量，也可以指向 int 型一维数组或者二维数组的元素。

【例 7.11】 编写程序定义一个 3 行 4 列的 int 型二维数组 a，然后输入 12 个整数存入数组 a 中，最后分行输出数组 a 中所有元素的值。要求使用指针数组，引用二维数组的元素。

编程思路：

（1）定义一个指针数组 int *p[3]，让 p[0]、p[1] 和 p[2] 分别指向 a[0][0]、a[1][0] 和 a[2][0]。

（2）既然 p[i] 指向了 a[i][0]，那么 p[i]+1 就指向了 a[i][1]，而 p[i]+j 就指向了 a[i][j]。

（3）*（p[i]+j）就代表了数组元素 a[i][j]。

源程序：

```
#include <stdio.h>
int main(void)
{int a[3][4],i,j;
 int *p[3]={a[0],a[1],a[2]};
 for(i=0;i<3;i++)
   for(j=0;j<4;j++)
   scanf("%d",p[i]+j);            //等价于 scanf("%d",&a[i][j]);
 for(i=0;i<3;i++)
   {for(j=0;j<4;j++)
    printf("%6d",*(p[i]+j));      //等价于 printf("%6d",a[i][j]);
    printf("\n");
   }
 return 0;
}
```

本程序中的 p 是一个指针数组，它的 3 个元素 p[0]、p[1] 和 p[2] 分别指向二维数组 a 中各行的 0 号元素，如图 7.7 所示。

由于二维数组的元素是按照行优先顺序在内存中连续存储的，因此也可以按照处理一维数组的方式，利用指针来访问二维数组的元素。

【例 7.12】 计算二维数组中所有元素之和。

源程序：

p[0]

| a[0][0] | a[0][1] | a[0][2] | a[0][3] |

p[1]

| a[1][0] | a[1][1] | a[1][2] | a[1][3] |

p[2]

| a[2][0] | a[2][1] | a[2][2] | a[2][3] |

图 7.7 指针数组 p 中各元素
的指向

```
#include <stdio.h>
int main(void)
{int a[3][4]={0,1,2,3,4,5,6,7,8,9,10,11};
 int i,*p,sum;
 sum=0;
 p=&a[0][0];
 for(i=0;i<12;i++)
   sum=sum+*(p+i);
 printf("sum=%d\n",sum);
 return 0;
}
```

可以发现，这种访问方式适合于不需要分行（或分列）处理二维数组元素的情况。

7.5.2 二重指针变量

如果在一个指针变量中存储了另一个指针变量的地址，则称为二重指针变量（也称为指向指针的指针变量），如图 7.8 所示。二重指针变量定义的一般形式为

类型说明符 **变量名；

【例 7.13】 二重指针示例。

源程序：

```
#include <stdio.h>
int main(void)
{int i,*p=&i,**q=&p;
 i=10;
 printf("%d,%d,%d\n",i,*p,**q);
 *p=100;
 printf("%d,%d,%d\n",i,*p,**q);
 **q=200;
 printf("%d,%d,%d\n",i,*p,**q);
 return 0;
}
```

程序运行结果：

```
10,10,10
100,100,100
200,200,200
```

在该程序中的变量 q 就是一个指向指针的指针变量，它存储了指针变量 p 的地址。三个变量间的指向关系如图 7.9 所示。

图 7.8 单重指针与二重指针　　　　图 7.9 三个变量间的指向关系

实际上，二维数组名、行指针和指针数组名也都是指向指针的指针。例如，若有 int *p[3],**q;，则指针数组名 p 是指向数组元素 p[0]的指针，而 p[0]本身是指向 int 型数据的指针，因而指针数组名 p 就是一个指向指针的指针。

因此，下面的赋值是正确的。

```
q=p;
q=p+1;
```

第8章　字符串处理

在第2章中讲述了字符型数据和字符串常量的基本用法，本章讲述如何对字符串进行存储、引用和处理。

8.1　字符串的存储与引用

8.1.1　字符串在内存中的存储形式

在C语言程序中，总是用一对双引号将字符串常量括起来，这里的双引号称为字符串的定界符，其作用是表示字符串的起始和终止位置。但是，将一个字符串常量存储到内存中时，并不存储作为字符串定界符的双引号。既然如此，在内存中如何表示字符串的起始位置和终止位置呢？其实，要确定一个字符串的起始位置很容易，这在稍后的论述中可以看到；而要确定一个字符串的终止位置，则必须添加特殊的标志才能表示出来。

为此，C语言规定：在内存中存储字符串常量时，必须在其末尾添加空字符'\0'（ASCII码为0的字符）作为字符串结束标志。当编译系统将一个字符串常量存入内存时，会自动为它添加结束标志。

H	e	l	l	o	\0

图 8.1　字符串的存储形式

例如，字符串常量"Hello"在内存中的存储形式如图8.1所示。

8.1.2　用字符数组存储和引用字符串

C语言中有字符串常量，但是并没有与之对应的字符串变量。那么，在C语言程序中如何存储字符串常量呢？既然一个字符型变量能够存储一个字符，那么，一个字符型数组就可以存储一串字符。因此，在C语言中通常利用字符型数组来存储和处理字符串。除此之外，也可以利用字符型指针来处理字符串。

如何将一个字符串存入字符数组中呢？最简单的方法，就是在定义字符数组的同时，将字符串存入字符数组中，这就是字符数组的初始化。

1. 以单个字符的形式初始化字符数组

例如：

```
char s[10]={'G','o','o','d'};
```

此时，若字符个数少于数组元素个数，则多余的数组元素会自动初始化为空字符'\0'。这种初始化方式颇为烦琐，所以在实际编程中较少使用。

2. 以字符串的形式初始化字符数组

例如：

```
char s[20]="Good bye";
char t[3][20]={"Hello","How are you","Good bye"};
```

很显然，这种初始化方式要简洁方便得多。不过，需要注意下列赋值语句是错误的。

```
char s[20];
s="Good bye";
```

因为数组名 s 是一个指针常量，而常量是不能被赋值的，所以不能直接对数组名进行赋值。

3. 不指定数组长度初始化字符数组

例如：

```
char s[]={'G','o','o','d'};
```

当以单个字符形式初始化字符数组，同时缺省数组长度时，系统不会在末尾自动添加空字符'\0'，因此字符数组 s 中有 4 个元素。

又如：

```
char t[]="Good";
```

当以字符串形式初始化字符数组时，系统会在末尾自动添加空字符'\0'，因此字符数组 t 中有 5 个元素。

由此可见，在程序中以字符串常量形式出现，其末尾就隐含了一个空字符'\0'；而以字符常量形式出现的，其末尾就不隐含空字符。

4. 用字符数组名引用字符串

将一个字符串存入字符数组后，就可以在程序中通过字符数组名来引用这个字符串。当然，也可以通过数组元素来引用这个字符串中的某个字符。

例如：

```
#include <stdio.h>
int main(void)
{char t[20]="Good bye";
t[5]='B';
printf("%s\n",t);          /*用数组名引用字符串*/
printf("%c\n",t[5]);       /*用数组元素引用单个字符*/
return 0;
}
```

可见，可以通过给字符数组元素赋值的方式，修改字符数组中的字符串。

【例 8.1】　编写程序实现如下功能，从键盘输入一位数字，将其转换为相应的汉字大写数字输出。

编程思路：

（1）为便于字符转化，可先将 10 个汉字存入一个字符数组中。

（2）若将 10 个汉字作为一个字符串，存入一个一维字符数组中，即采用 "char up[21]="零壹贰叁肆伍陆柒捌玖";" 这种形式，则从其中提取某个汉字时不甚方便。

（3）若将 10 个汉字作为 10 个字符串，存入一个二维字符数组中，操作起来就方便得多。

算法设计：

（1）首先，利用初始化语句 "char up[10][3]={"零","壹","贰","叁","肆","伍","陆","柒","捌","玖"};" 将 10 个汉字存入一个 10 行 3 列的二维字符数组中，每行存储一个汉字。此时，其行号恰好就是对应的数字，如图 8.2 所示。

up[0]	零	\0
up[1]	壹	\0
up[2]	贰	\0
up[3]	叁	\0
up[4]	肆	\0
up[5]	伍	\0
up[6]	陆	\0
up[7]	柒	\0
up[8]	捌	\0
up[9]	玖	\0

图 8.2　10 个汉字
在二维字符数组中
的存储形式

（2）在转化时，直接以输入的数字作为行号，而对应行的字符串就是要转化的大写形式。

源程序：

```
#include <stdio.h>
int main(void)
{ int n;
 char up[10][3]={"零","壹","贰","叁","肆","伍","陆",
                 "柒","捌","玖"};
              /*每个汉字看作两个字符，不能作为字符常量*/
 printf("请输入一位数字：\n");
 scanf("%d",&n);
 printf("%s\n",up[n]);
 return 0;
}
```

想一想，若要完成一个多位数的转化，应该如何编写程序实现呢？

8.1.3　用字符指针变量引用字符串

在 C 语言中，除了可以利用字符型数组来存储和引用字符串之外，还可以利用字符指针变量来引用字符串，前提是该字符指针变量已经指向待引用的字符串。

1. 字符指针指向字符串

使字符指针变量指向一个字符串，通常有以下两种方式：
（1）字符指针变量赋值方式。
例如：

```
char *p;
p="How are you!";
```

（2）字符指针变量初始化方式。
例如：

```
char *p="How are you!";
```

需要注意，这里的赋值或初始化，并不表示将整个字符串存入字符指针变量中；其正确的含义，是首先将该字符串常量存入内存中的空闲区域中，然后将该字符串中首字符的地址赋给指针变量 p。因为 p 是字符指针变量，所以只能存储字符的地址值。

2. 字符指针引用字符串

将一个字符指针变量指向一个字符串后，就可以在程序中通过字符指针变量名来引用这个字符串。当然，也可以通过字符指针变量来间接引用这个字符串中的某个字符。
例如：

```
#include <stdio.h>
int main(void)
{char *p;
 p="How are you!";
 printf("%s\n",p);              /*用指针变量名引用字符串*/
 *(p+4)='A';                    /*该语句有错*/
```

```
    printf("%c\n",*(p+4));      /*用指针变量间接引用单个字符*/
    return 0;
}
```

可见，不能通过字符指针修改字符串常量的内容，因为常量的值不可以改变。但是存储在字符数组中的字符串可以修改，因为字符数组的元素是变量。

8.2　字符串的输入和输出

在程序中，对于字符串最常用的操作是输入与输出。C 语言中，通常利用 printf 函数和 puts 函数来输出字符串，利用 scanf 函数和 gets 函数来输入字符串。

8.2.1　用 printf 函数输出字符串

其一般形式为

```
printf("%s",字符串引用)
```
其中，字符串引用可以是字符串常量、字符数组名或字符指针变量（甚至是字符指针的表达式）。

例如：
```
printf("%s\n","Hello");
```
当然该语句也可以简化为
```
printf("Hello\n");
```
又如：
```
char a[10]="Hello";
printf("%s\n",a);        /*输出项是字符数组名*/
```
再如：
```
char *p="Hello";
printf("%s\n",p);        /*输出项是字符指针变量名*/
```
需要注意，虽然可以利用包含%c 格式符的 printf 函数结合循环语句来实现字符串的输出，但是不建议采用这种方式。

8.2.2　用 puts 函数输出字符串

其一般形式为

```
puts(字符串引用)
```
其中，字符串引用可以是字符串常量、字符数组名或字符指针变量（甚至是字符指针的表达式）。

例如：
```
puts("Hello");
```
又如：
```
char a[10]="Hello";
puts(a);
```
再如：
```
char *p="Hello";
puts(p);
```
可以发现，当利用 puts 函数输出字符串时，能够实现自动换行。

8.2.3　用 scanf 函数输入字符串

其一般形式为

```
scanf("%s",字符数组名)
```

注意，这里的第二个参数只能是字符数组名。

例如：

```
#include <stdio.h>
int main(void)
{char a[20];
 scanf("%s",a);        /*输入项是字符数组名*/
 printf("%s\n",a);
 return 0;
}
```

当运行这个程序时，若键入：

```
How are you
```

则输出结果：

```
How
```

原因何在呢？这是因为当用 scanf 函数输入字符串时，会将空格看作字符串之间的分隔符，因此不允许字符串中包含空格。要输入包含空格的字符串需要使用 8.2.4 节中介绍的 gets 函数。

需要特别注意，必须首先分配好存储字符串的内存空间（如定义一个字符数组），然后才能输入字符串。因此，一般不能使用字符指针变量作为 scanf 函数的参数来输入字符串（除非该字符指针变量已经指向一个字符数组或其他预先分配好的内存空间）。

以下是一个输入字符串的错例：

```
#include <stdio.h>
int main(void)
{char *p;
 scanf("%s",p);        /*该语句错误*/
 printf("%s\n",p);
 return 0;
}
```

因为定义一个字符指针变量，只是分配了存储一个地址的内存空间（在 32 位编译系统中是 4 字节），并没有分配存储一个字符串的内存空间。

此外，虽然可以利用包含 %c 格式符的 scanf 函数结合循环语句来实现字符串的输入，但是不建议采用这种方式。

8.2.4　用 gets 函数输入字符串

其一般形式为

```
gets(字符数组名)
```

注意，这里的函数参数只能是字符数组名。

例如：

```
#include <stdio.h>
int main(void)
```

```
{char a[30];
 gets(a);
 puts(a);
 return 0;
}
```

该程序运行时，若键入：

```
How are you
```

则输出结果：

```
How are you
```

同样地，一般不能使用字符指针变量作为 gets 函数的参数来输入字符串。

在 C 语言中，经常需要以逐个字符的方式对字符串进行处理。下面来看一个以逐个字符的方式复制字符串的例子。

【例 8.2】 从键盘输入一个字符串，存入字符数组 s 中，然后用逐个字符的方式复制到字符数组 t 中。

编程思路：

逐个字符复制就是从源字符串的第 0 个字符开始，将所有的字符逐个复制到目标数组中。从而写出如下的程序段：

```
t[0]=s[0];
t[1]=s[1];
t[2]=s[2];
……
```

显然，可以归纳为如下的循环结构：

```
i=0;
while(循环条件)
  {t[i]=s[i];
   i++;
  }
```

那么，这里的循环条件应该如何表示呢？每个字符串都有一个结束标志'\0'，因此可以用'\0'控制循环。在当前字符不等于'\0'时，执行循环体；在当前字符等于'\0'时，结束循环。从而得到如下循环：

```
i=0;
while(s[i]!='\0')
{t[i]=s[i];
 i++;
}
```

完整的源程序：

```
#include <stdio.h>
int main(void)
{char s[100],t[100];
 int i;
 gets(s);
 i=0;
 while( s[i]!='\0' )
   {t[i]= s[i];
```

```
    i++;
    }
 puts(t);
 return 0;
}
```

该程序输出的结果中，在字符串的末尾出现了一些乱字符。原因何在呢？这是因为在该程序的循环部分，并未将数组 s 中的'\0'复制到数组 t 中，从而导致数组 t 中的字符序列，没有正常的字符串结束标记。

修正的源程序：

```
#include <stdio.h>
int main(void)
{char s[100],t[100];
 int i;
 gets(s);
 i=0;
 while( s[i]!='\0' )
   {t[i]= s[i];
    i++;
    }
 t[i]='\0';
 puts(t);
 return 0;
}
```

8.3　字符处理函数与字符串处理函数

除了字符串的输入与输出之外，更重要的操作是对字符串的各种处理，如求字符串长度、字符串连接、字符串比较等。为了使用方便，C 语言提供了一组专门用于字符与字符串处理的库函数。在程序中调用字符与字符串处理的库函数时，需要在程序开头分别添加预处理命令#include <ctype.h>或#include <string.h>。

8.3.1　字符处理函数

1. isalpha 函数

其调用格式为

```
isalpha(ch)
```

若字符 ch 是字母，则该函数返回值非 0；否则，返回值为 0。

2. islower 函数

其调用格式为

```
islower(ch)
```

若字符 ch 是小写字母，则该函数返回值非 0；否则，返回值为 0。

3. isupper 函数

其调用格式为

```
isupper(ch)
```
若字符 ch 是大写字母，则该函数返回值非 0；否则，返回值为 0。

4. isdigit 函数

其调用格式为

```
isdigit(ch)
```
若字符 ch 是数字，则该函数返回值非 0；否则，返回值为 0。

5. isalnum 函数

其调用格式为

```
isalnum(ch)
```
若字符 ch 是字母或数字，则该函数返回值非 0；否则，返回值为 0。

【例 8.3】 从键盘输入一行字符，将其中的每个字符按如下规则进行变换：若是大写字母，则转换为相应的小写字母；若是小写字母，则转换为相应的大写字母；否则，保持不变。

编程思路：

（1）首先写出转换一个字符的程序。

```
#include <stdio.h>
#include <ctype.h>
int main(void)
{char ch;
 printf("请输入一个字符：");
 ch=getchar();
 if(isupper(ch))
   ch=ch+32;
 else  if(islower(ch))
   ch=ch-32;
 printf("转换后的字符=%c\n",ch);
 return 0;
}
```

（2）要转换一行字符，只需要在上述程序的基础上添加一个循环即可。

```
#include <stdio.h>
#include <ctype.h>
int main(void)
{char ch;
 printf("请输入一行字符：");
 while(ch!='\n')
   {ch=getchar();
    if(isupper(ch))
      ch=ch+32;
    else if(islower(ch))
      ch=ch-32;
```

```
   putchar(ch);
   }
 return 0;
}
```

该程序的 while 循环部分存在赋值在后、判断在前的问题，可以将输入字符的语句合并到 while 条件中解决，从而得到如下完整的源程序。

```
#include <stdio.h>
#include <ctype.h>
int main(void)
{char ch;
 printf("请输入一行字符: ");
 while((ch=getchar())!='\n')
   {if(isupper(ch))
      ch=ch+32;
    else if(islower(ch))
      ch=ch-32;
    putchar(ch);
   }
 return 0;
}
```

需要注意，在表达式（ch=getchar（ ））!='\n'中，ch=getchar（ ）必须用括号括起来。若写成 ch=getchar( )!='\n'，则由于!=的优先级高于赋值运算符，从而等价于 ch=（getchar（ ）!='\n'），含义将完全不同。

想一想，若将 ch=getchar（ ）换成 scanf（ "%c",&ch），为什么不适合采用 while（ scanf（ "%c", &ch）!='\n'）这种形式呢？函数 scanf（ "%c",&ch）的返回值就是所输入的字符吗?

8.3.2　字符串处理函数

1. 字符串长度函数 strlen

在程序中处理字符串时，往往需要知道字符串的长度，而库函数 strlen 就是用于求得一个字符串的长度的。其调用格式为

```
strlen(字符串引用)
```
该函数的功能是返回一个字符串的有效长度（第一个'\0'之前的字符个数）。

例如:

```
#include <stdio.h>
#include <string.h>
int main(void)
{char a[100]="Hello world!";
 printf("%d\n",sizeof(a));
 printf("%d\n",strlen(a));
 printf("%d\n",strlen("Hello\0world!"));
 return 0;
}
```
程序运行结果:
```
100
12
5
```

【例 8.4】 用字符数组重新编写例 8.3 中的程序。

编程思路：

该程序仍然可以采用逐个字符的方式处理字符串，只不过不是原样传送，而是经过变换之后，再传送到原来的数组中。

（1）输入一个字符串并存入字符数组 s 中。

（2）对字符数组中的字符逐个进行判断，然后进行变换，再存回原来的数组中。

（3）输出变换之后的字符串。

先写出如下处理一个字符的程序段：

```
i=0;
if(isupper(s[i]))
    s[i]=s[i]+32;
else if(islower(s[i]))
    s[i]=s[i]-32;
```

然后循环执行处理一个字符的程序段，即可完成整个字符串的变换。

完整的源程序：

```
#include <stdio.h>
#include <ctype.h>
#include <string.h>
int main(void)
{char s[200];
 int i,n;
 printf("请输入一个字符串：\n");
 gets(s);
 n=strlen(s);
 for(i=0;i<=n-1;i++)
    {if(isupper(s[i]))
        s[i]=s[i]+32;
     else if(islower(s[i]))
        s[i]=s[i]-32;
    }
 printf("变换之后的字符串为：\n");
 puts(s);
 return 0;
}
```

对比例 8.3 可以发现，将一批字符作为字符串并利用字符数组进行输入及处理的方式更直观、更方便。因此，编写程序时一般不采用利用单个字符变量将一批字符循环输入及处理的方式。

2. 字符串复制函数 strcpy

假设有两个字符数组：

```
char s[20]="Hello",t[20];
```

如何才能将字符数组 s 中的字符串复制到字符数组 t 中呢？

很容易想到的是利用如下赋值语句：

```
t=s;
```

或

```
t="Hello";
```

实际上，这样是行不通的。因为数组名 t 是一个地址常量，故不能对其进行赋值操作。

既然如此，该如何实现字符串的复制呢？可以采用例 8.2 中的方法，将源字符串中的字符逐个复制到目标数组中。利用这种方法实现字符串的复制是切实可行的，只是颇为烦琐。

为了使用方便，C 语言中提供了专门的字符串复制函数 strcpy。其调用格式为

```
strcpy(字符数组名,字符串引用)
```

该函数的第一个参数必须是字符数组名（因为需要事先分配好存储目标字符串的内存空间）；第二个参数则可以是字符串常量、字符数组名或字符指针。该函数的功能是将第二个参数所引用的字符串复制到第一个参数所指定的字符数组中。

例如：

```
#include <stdio.h>
#include <string.h>
int main(void)
{char t[80],s[80]="Hello";
 strcpy(t,s);
 puts(t);
 strcpy(t,"World");
 puts(t);
 return 0;
}
```

3. 字符串连接函数 strcat

有时需要将两个字符串前后连接起来，形成一个新的字符串，strcat 函数就可以实现这个功能。其调用格式为

```
strcat(字符数组名,字符串引用)
```

其中，第一个参数必须是字符数组名；第二个参数则可以是字符串常量、字符数组名或字符指针。由于连接之后字符串的长度是原来两个字符串长度之和，需要事先分配好足够的内存空间。

该函数的功能是将第二个参数所引用的字符串，连接到第一个参数所指定的字符数组中的字符串之后，并重新存入这个字符数组中。

例如：

```
#include <stdio.h>
#include <string.h>
int main(void)
{char t[30]="Hello ",s[10]="World!";
 strcat(t,s);
 puts(t);
 return 0;
}
```

程序运行结果：

```
Hello World!
```

4. 字符串比较函数 strcmp

字符串之间的大小比较是在程序设计中经常用到的操作，例如单词的字典顺序排列。在 C 语言中如何比较两个字符串的大小呢？

假设有两个字符数组：

```
char s[10]= "ab", t[10]= "abc";
```

那么，能否用 s==t 或 s<t 这种方式对两个字符串的内容进行比较呢？答案是不能。因为在 C 语言中，数组名是一个地址常量，并不代表该数组中的内容，所以不能直接用数组名来比较两个字符串的大小。

下面看一下比较两个字符串大小的具体规则：当比较两个字符串时，分别从它们的首字符开始，将对应的字符按照其 ASCII 码值进行比较，直至发现对应的两个字符不相等或遇到'\0'。这时，对应的两个字符的比较结果，就是两个字符串的比较结果。

根据上述规则，可以通过编写一段程序来实现两个字符串的比较。而更便捷的办法，是直接调用 C 语言提供的字符串比较函数 strcmp。其调用格式为

```
strcmp(字符串引用1,字符串引用2)
```

其中，两个参数都可以是字符串常量、字符数组名或字符指针。

该函数的返回值反映了两个字符串比较的结果。若第一个字符串大于第二个字符串，则函数值大于 0；若第一个字符串等于第二个字符串，则函数值等于 0；若第一个字符串小于第二个字符串，则函数值小于 0。

例如：

```
#include <stdio.h>
#include <string.h>
int main(void)
{char s[20]="Hello",t[20]="hello";
 printf("%d\n",strcmp(s,t));
 return 0;
}
```

程序运行结果：

```
-1
```

当该程序在不同的 C 语言环境中运行时，所得的具体结果有可能不同，不过一定是一个负数。

【例 8.5】 从键盘输入三个字符串，求出其中的最大者并输出。

编程思路：

（1）首先求出前两个字符串中的最大者，然后与第三个字符串比较，从而求出三个字符串中的最大者。

（2）字符串的比较要使用 strcmp 函数，而字符串的复制要使用 strcpy 函数。

源程序：

```
#include <stdio.h>
#include <string.h>
int main(void)
{char a[80],b[80],c[80],max[80];
 printf("请依次输入三个字符串：\n");
 gets(a);
```

```
gets(b);
gets(c);
if(strcmp(a,b)>0)
  strcpy(max,a);
else
  strcpy(max,b);
if(strcmp(c,max)>0)
  strcpy(max,c);
printf("三个字符串中的最大者是：\n");
puts(max);
return 0;
}
```

【例8.6】 从键盘输入10个字符串存入一个二维字符数组中，求出其中的最大者并输出。

编程思路：

（1）欲存储10个字符串，需使用一个10行的二维字符数组，即每行存储一个字符串。

（2）从多个字符串中求最大者的方法，与从多个数中求最大者的方法类似，仍可使用擂台法。不过字符串的比较要使用strcmp函数，而字符串的复制要使用strcpy函数。

算法设计：

（1）定义一个二维字符数组a[10][80]用于存放输入的10个字符串。

（2）定义一个一维字符数组max[80]用于存放目前的最大字符串。

（3）将二维字符数组a的第0行中的字符串复制到字符数组max中。

（4）若二维字符数组a的第i行中的字符串大于字符数组max中的字符串，则将前者复制到字符数组max中。

（5）循环执行第（4）步，直至9次比较完成，此时，字符数组max中的字符串就是10个字符串中的最大者。

源程序：

```
#include <stdio.h>
#include <string.h>
int main(void)
{char a[10][80],max[80];
 int i;
 printf("请依次输入10个字符串：\n");
 for(i=0;i<10;i++)
   gets(a[i]);      /*a[i]代表二维数组a的第i行*/
 strcpy(max,a[0]);
 for(i=1;i<10;i++)
   {if(strcmp(a[i],max)>0)
     strcpy(max,a[i]);
   }
 printf("10个字符串中的最大者是：\n");
 puts(max);
 return 0;
}
```

5. 字符查找函数 strchr

strchr 函数用于从一个字符串中查找某个字符第一次出现的位置。其调用格式为

```
strchr(s,ch)
```

其功能是从字符串 s 中查找字符 ch 第一次出现的位置。若找到，则返回该位置的地址；否则，返回空指针。

例如：

```
#include <stdio.h>
#include <string.h>
int main(void)
{char s[100]="Hello world!",ch='w',*p;
 p=strchr(s,ch);
 *p='W';
 puts(s);
 return 0;
}
```

6. 字符串查找函数 strstr

strstr 函数用于从一个字符串中查找某个子字符串第一次出现的位置。其调用格式为

```
strstr(字符串1,字符串2)
```

其功能是从字符串 1 中查找字符串 2 第一次出现的位置。若找到，则返回该位置的地址；否则，返回空指针。

例如：

```
#include <stdio.h>
#include <string.h>
int main(void)
{char s[100]="Good morning",t[30]="morning",*p;
 p=strstr(s,t);
 strcpy(p,"night");
 puts(s);
 return 0;
}
```

除了上面介绍的这些库函数之外，一般的 C 语言编译系统还提供了其他一些常用的字符与字符串处理的库函数。感兴趣的读者可以参考本书附录 D 中的相应内容。

8.4 字符串处理应用举例

【例 8.7】 从键盘输入一行字符，统计其中单词的个数。假设单词之间以空格分隔。

编程思路：

（1）由于第一个单词之前可能会有空格，同时两个单词之间也可能有多个空格，所以不能简单地通过统计空格的个数以得到单词的个数。

（2）除了最后一个单词，每个单词之后至少跟一个空格；而最后一个单词之后，可能跟空格，也可能直接跟一个空字符'\0'。

（3）因此，当相邻的两个字符中，前一个是非空格字符，而后一个是空格或空字符时，说明找到一个单词的末尾。

源程序：

```
#include <stdio.h>
#include <string.h>
int main(void)
{char a[200];
 int i,n,c=0;
 printf("请输入一行以空格分隔的单词: ");
 gets(a);
 n=strlen(a);
 for(i=0;i<=n-1;i++)
   {if(a[i]!=' '&&(a[i+1]==' '||a[i+1]=='\0'))
      c++;  /*若第i个字符不是空格,第i+1个字符是空格或'\0',则表示一个单词结束*/
   }
 printf("单词个数=%d\n",c);
 return 0;
}
```

【例 8.8】 从键盘输入一行字符，统计其中单词的个数。假设单词之间以标点符号或空格分隔。

编程思路：

（1）单词之间以标点符号或空格分隔，而标点符号不便于一一区分出来。

（2）可以通过区分一个字符是不是字母或数字来统计单词的个数。

（3）当相邻的两个字符中，前一个是字母或数字而后一个不是字母或数字时，说明找到一个单词。

源程序：

```
#include <stdio.h>
#include <string.h>
#include <ctype.h>
int main(void)
{char a[200];
 int i,n,c=0;
 printf("请输入一行以空格或标点分隔的单词: ");
 gets(a);
 n=strlen(a);
 for(i=0;i<=n-1;i++)
   {if(isalnum(a[i])&&!isalnum(a[i+1]))
      c++;   /*若第i个字符是字母或数字,第i+1个字符不是字母或数字,则表示一个单词结束*/
   }
 printf("单词个数=%d\n",c);
 return 0;
}
```

【例 8.9】 输入一个英文字符串，判断该字符串是否是回文。要求用字符数组实现。

算法设计：

（1）分别从左右两端开始，比较对应的字符是否相等。

（2）若对应的字符相等，则继续比较下一对字符；否则，退出循环。

（3）若所有对应的字符均相等，则是回文；否则不是回文。

源程序：

```c
#include <stdio.h>
#include <string.h>
int main(void)
{char a[100];
 int i,j;
 printf("请输入一个英文字符串: \n");
 gets(a);
 i=0;                      /*最左一个元素的下标*/
 j=strlen(a)-1;            /*最右一个元素的下标*/
 while(i<j)                /*当左右两侧下标未会合时循环*/
   {if(a[i]==a[j])
      {i++;j--;}           /*若对应的字符相等，则继续比较下一对字符*/
    else
      break;               /*否则停止比较*/
   }
 if(i>=j)                  /*判断左右两侧下标是否会合*/
   printf("是回文.\n");
 else
   printf("不是回文.\n");
 return 0;
}
```

【例 8.10】 输入一个英文字符串，判断该字符串是否是回文。要求用字符指针实现。

算法设计：

（1）分别从左右两端开始，比较对应的字符是否相等。

（2）若对应的字符相等，则继续比较下一对字符；否则，退出循环。

（3）若所有对应的字符均相等，则是回文；否则不是回文。

源程序：

```c
#include <stdio.h>
#include <string.h>
int main(void)
{char a[100],*p,*q;
 printf("请输入一个英文字符串: \n");
 gets(a);
 p=a;                      /*p 指向最左一个字符*/
 q=a+strlen(a)-1;          /*q 指向最右一个字符*/
 while(p<q)                /*当左右两侧指针未会合时循环*/
   {if(*p==*q)
      {p++;q--;}           /*若对应的字符相等，则继续比较下一对字符*/
    else
      break;               /*否则停止比较*/
   }
 if(p>=q)                  /*判断左右两侧指针是否会合*/
```

```
  printf("是回文.\n");
else
  printf("不是回文.\n");
return 0;
}
```

想一想，若要判断一个中文字符串是否是回文，该程序需要进行哪些修改呢?

【例 8.11】 编写程序从键盘输入一个数字字符串，统计出其中每个数字字符出现的次数。

问题分析：

在例 6.10 中，我们曾经学习过统计一批整数中每个整数出现次数的程序，这两个程序的功能是类似的。只是这里的数字是以字符串的形式输入的，因此其中每个数字都是一个字符。

编程思路：

（1）定义字符数组 s 用于存储输入的数字字符串；定义整型数组 c 用于存储每个数字字符出现的次数，也就是 c[0]存储字符'0'出现的次数、c[1]存储字符'1'出现的次数，以此类推。

（2）输入一个数字字符串，存入字符数组 s 中。

（3）从字符数组 s 的 0 号元素开始，依次判断数组 s 的元素值是字符'0'到'9'的哪一个字符；然后对数组 c 中相应的元素进行加 1 计数；直至遇到'\0'。

（4）最后输出统计的结果。

源程序：

```
#include <stdio.h>
int main(void)
{char s[200];
 int i,c[10]={0};
 printf("请输入一行数字: \n");
 gets(s);
 for(i=0;s[i]!='\0';i++)
   {if(s[i]=='0')    c[0]++;
   else if(s[i]=='1') c[1]++;
   else if(s[i]=='2') c[2]++;
   else if(s[i]=='3') c[3]++;
   else if(s[i]=='4') c[4]++;
   else if(s[i]=='5') c[5]++;
   else if(s[i]=='6') c[6]++;
   else if(s[i]=='7') c[7]++;
   else if(s[i]=='8') c[8]++;
   else if(s[i]=='9') c[9]++;
   }
 for(i=0;i<10;i++)
   printf("%d的出现次数=%d\n",i,c[i]);
}
```

仔细观察作为循环体的这一组 if 语句可以发现，在每个 if 分支中，数组 c 的元素下标与 s[i]中的数字字符恰好是相同的。因此，可以将数组 c 的元素下标替换为 s[i]。从而将循环统计部分改写为如下的程序段：

```
for(i=0;s[i]!='\0';i++)
{if(s[i]=='0')       c[s[i]]++;
 else if(s[i]=='1') c[s[i]]++;
 else if(s[i]=='2') c[s[i]]++;
 else if(s[i]=='3') c[s[i]]++;
 else if(s[i]=='4') c[s[i]]++;
 else if(s[i]=='5') c[s[i]]++;
 else if(s[i]=='6') c[s[i]]++;
 else if(s[i]=='7') c[s[i]]++;
 else if(s[i]=='8') c[s[i]]++;
 else if(s[i]=='9') c[s[i]]++;
}
```

可以发现，每个 if 分支所执行的语句都是相同的，因此这里的分支选择其实是多余的。从而可以简化为如下程序段：

```
for(i=0;s[i]!='\0';i++)
  c[s[i]]++;
```

下面是完整的源程序：

```
#include <stdio.h>
int main(void)
{char s[200];
 int i,c[10]={0};
 printf("请输入一行数字：\n");
 gets(s);
 for(i=0;s[i]!='\0';i++)
   c[s[i]]++;
 for(i=0;i<10;i++)
   printf("%d 的出现次数=%d\n",i,c[i]);
 return 0;
}
```

运行程序可以发现，每个数字字符的出现次数都是 0 次，这个结果显然是错误的。问题出在哪里呢？

再回到前面的步骤。前面将 if（s[i]=='1'）c[1]++;改写为 if（s[i]== '1'）c[s[i]]++;。而后者等价于 if（s[i]=='1'）c['1']++;，从而等价于 if（s[i]== '1'）c[49]++;，因为字符'1'的 ASCII 码是 49。从而将字符 1 的个数加到了 c[49]中，而不是 c[1]中。那么，应该如何修正程序呢？只需要将数组 c 的元素下标作一个平移，将 if（s[i]=='1'）c[s[i]]++;修改为 if（s[i]=='1'）c[s[i]-'0']++;即可。因为后者等价于 if（s[i]=='1'）c['1'-'0']++;，从而等价于 if（s[i]=='1'）c[1]++;，从而将字符 1 的个数加到了 c[1]中。

此处利用 s[i]-'0'实现了从数字字符到整数的转换。同样的道理，将其他分支中的 c[s[i]]++;全部改为 c[s[i]- '0']++;。

修正之后完整的源程序：

```
#include <stdio.h>
int main(void)
{char s[200];
```

```
int i,c[10]={0};
printf("请输入一行数字：\n");
gets(s);
for(i=0;s[i]!='\0';i++)
  c[s[i]-'0']++;
for(i=0;i<10;i++)
  printf("%d的出现次数=%d\n",i,c[i]);
return 0;
}
```

思考一下，应该如何统计一行字符中每个英文字母的个数呢？

第 9 章 函　　数

在前边的章节中，由于程序规模较小，程序中都只包含一个函数（main 函数）。对于规模较大的程序，为了便于编写、调试和维护，通常需要将它分解为若干个相对独立的程序模块。在 C 语言中，实现程序模块化的方法，就是将一个规模较大的程序划分为若干个相对独立的函数。

C 语言中的函数，按照其编写者不同可以分为库函数和用户定义函数两类。库函数的编写者是 C 语言编译系统的开发者，随 C 语言编译软件提供，用户可以直接调用，如 printf 函数、pow 函数等。而用户定义函数是由编程用户自己定义的函数。

按照函数的调用格式划分，可以将函数分为无参函数和有参函数两类。无参函数是不带参数的函数，如 getchar 函数。有参函数是带有参数的函数，如 printf 函数。

9.1　用户函数的定义与调用

在编写较大规模的程序时，如何进行函数的划分呢？一般来说，可以将一个程序中功能相对独立的程序段定义为一个单独的函数。

在包含多个函数的程序中，根据函数之间的调用关系，可以将函数分为主调函数和被调函数两种。如果一个函数要调用另一个函数，则称其为主调函数；而被另一个函数调用的函数称为被调函数。

为了便于理解，本节将无参函数和有参函数定义和调用的方法分开介绍。

9.1.1　无参函数

1. 无参函数的定义

定义一个无参函数，实际上就是定义它的函数名、函数类型以及函数体。定义无参函数的一般形式为

```
类型说明符 函数名(void)
函数体
```

其中，括号中的 void 称为空值类型，表示该函数没有参数。这里的 void 也可以省略不写。下面通过一个实例具体说明。

【例 9.1】　编写程序，打印出如下图形。

```
The first one:
*
**
***
****
The second one:
*
**
***
```

编程思路：

（1）首先，编写一个只有 main 函数的程序以实现上述功能。

```c
#include <stdio.h>
int main(void)
{int i,j;
 printf("The first one:\n");
 for(i=1;i<=4;i++)
   {for(j=1;j<=i;j++)
     printf("*");
    printf("\n");
   }
 printf("The second one:\n");
 for(i=1;i<=4;i++)
   {for(j=1;j<=i;j++)
     printf("*");
    printf("\n");
   }
 return 0;
}
```

（2）在该程序中，打印一个三角形的程序段重复了两次，但是观察这两段程序，发现并不能简单地将它们合并为一个三重循环。

为了提高编程效率，避免重复，在本程序中可以将打印三角形的程序段单独拿出来，定义为一个被调函数，然后在主函数中调用它。

（3）要得到打印三角形的被调函数，只需以相应的程序段作为函数体，并添加函数头即可。

```c
void printstar()        /*如何确定函数的类型可以参考 9.2 节*/
{int i,j;
 for(i=1;i<=4;i++)
   {for(j=1;j<=i;j++)
     printf("*");
    printf("\n");
   }
 return;
}
```

此处的 printstar 是自定义函数的名字。函数名之前的 void（空值类型）是函数的类型，表示该函数没有返回值。当函数体中的 return 之后直接跟分号时，函数类型就应该定义为 void 类型。

该函数运行时不需要从主调函数中传递数据，因此是一个无参函数（函数名之后有一对空括号或者括号中有一个 void）。return 语句的功能，是返回到主调函数中继续执行。

2. 无参函数的调用

用户定义好被调函数之后，就可以像调用库函数那样来调用它。

无参函数的调用形式为

函数名( )

下面来完成例 9.1 中的主函数。

【例 9.1 续】

编程思路：

因为前面已经定义好打印一个三角形的被调函数，故可以在主函数中直接调用它。函数 printstar 没有返回值，因此不能在表达式中调用它，而只能在函数调用之后添加分号，使其成为一条语句，即 printstar();。

完整的源程序：

```c
#include <stdio.h>
void printstar()
{int i,j;
 for(i=1;i<=4;i++)
   {for(j=1;j<=i;j++)
     printf("*");
    printf("\n");
   }
 return;
}
int main(void)
{printf("The first one:\n");
 printstar();        /*调用前面定义的函数 printstar*/
 printf("The second one:\n");
 printstar();        /*调用前面定义的函数 printstar*/
 return 0;
}
```

由多个函数构成的程序，其执行流程是怎样的呢？这种程序总是从主函数开始执行，当遇到函数调用时，转向被调函数的函数体中执行。在被调函数中，当执行到 return 语句时，返回到主调函数中继续执行。

9.1.2 有参函数

无参函数实现的功能相对简单一些，更多的时候会使用有参函数。下面通过一个实例来说明有参函数的定义和调用的方法。

【例 9.2】 编写程序打印如下图形。

```
The first one:
*
**
***
The second one:
*
**
***
****
*****
```

编程思路：

（1）编写一个只有主函数的程序来实现上述功能。

```
#include <stdio.h>
int main(void)
{int i,j,n;
 printf("The first one:\n");
 n=3;
 for(i=1;i<=n;i++)
   {for(j=1;j<=i;j++)
      printf("*");
    printf("\n");
    }
 printf("The second one:\n");
 n=5;
 for(i=1;i<=n;i++)
   {for(j=1;j<=i;j++)
      printf("*");
    printf("\n");
    }
 return 0;
}
```

（2）此处的两个三角形结构相同，只是行数不同。因此，可以将打印三角形的程序段单独拿出来，定义为一个函数，然后在主函数中调用它。

（3）为了得到打印三角形的函数，只需以相应的程序段添加 return 语句作为函数体，然后添加函数头即可。

```
void printstar()
{int i,j,n;
 for(i=1;i<=n;i++)
   {for(j=1;j<=i;j++)
      printf("*");
    printf("\n");
    }
 return;
}
```

（4）写出相应的主函数。

```
int main(void)
{int n;
 printf("The first one:\n");
 n=3;
 printstar();   //调用函数 printstar
 printf("The second one:\n");
 n=5;
 printstar();   //调用函数 printstar
 return 0;
}
```

运行该程序可以发现，主函数中变量 n 的值并不能传递给被调函数中的变量 n。这是因为凡是在函数内部定义的变量都是局部变量，而局部变量只有在定义它的函数中才是有效的。因此，这两个函数中的 n 是两个相互独立、互不相关的变量。

如何才能实现从主调函数到被调函数的数据传递呢？为了解决这个问题，在 C 语言中提供了参数传递的机制。

将被调函数中用于接收数据的变量的定义移到函数首部的括号中，并将这种变量称为被调函数的形式参数（形参）。当这种函数运行时，将通过形参从主调函数中传递数据，故称为有参函数。

1. 有参函数的定义

有参函数定义的一般形式为

```
类型说明符 函数名(形式参数表)
    函数体
```

从而得到如下修正版的被调函数：

```
void printstar(int n)
{int i,j;
 for(i=1;i<=n;i++)
   {for(j=1;j<=i;j++)
      printf("*");
    printf("\n");
   }
 return;
}
```

一旦定义了用户函数，就可以像调用库函数那样调用它。

2. 有参函数的调用

有参函数调用的一般形式为

```
函数名(实际参数)
```

其中，实际参数（实参）可以是常量、变量或表达式，如 printstar(3);。
从而写出完整的源程序：

```
#include <stdio.h>
void printstar(int n)
{int i,j;
 for(i=1;i<=n;i++)
   {for(j=1;j<=i;j++)
      printf("*");
    printf("\n");
   }
 return;
}
int main(void)
{printf("The first one:\n");
 printstar(3);
 printf("The second one:\n");
```

```
    printstar(5);
    return 0;
}
```

当该程序运行时，将从主函数开始执行。当执行到有参函数调用时，将会把实参的值传递给对应的形参。然后执行其函数体，直至遇到 return 语句，返回主函数中继续执行。

可以发现，有参函数比无参函数具有更好的通用性。

【例 9.3】 已知 m、n 是正整数，编写程序求 m 中取 n 的组合值。

编程思路：

（1）根据组合的性质 $C_m^n = \dfrac{m!}{n!(m-n)!}$，可以通过阶乘值求得组合值。首先，编写一个只有 main 函数的程序以实现上述功能。

```
#include <stdio.h>
int main(void)
{int m,n,i,k;
 long p,c,c1,c2,c3;
 printf("请输入两个正整数 m 与 n 的值(m>=n): ");
 scanf("%d%d",&m,&n);
 k=m;
 p=1;
 for(i=1;i<=k;i++)
    p=p*i;
 c1=p;
 k=n;
 p=1;
 for(i=1;i<=k;i++)
    p=p*i;
 c2=p;
 k=m-n;
 p=1;
 for(i=1;i<=k;i++)
    p=p*i;
 c3=p;
 c=c1/(c2*c3);              /*此处的括号不可少*/
 printf("m 中取 n 的组合值=%ld\n",c);
 return 0;
}
```

（2）在该程序中，求阶乘的程序段重复了三次，但是观察这三段程序发现，并不能简单地将它们合并为一个循环。为了提高编程效率，避免重复，在该程序中可以将求阶乘的程序段单独拿出来，定义为一个被调函数，然后在主函数中调用它。

（3）根据在例 9.1 中获得的经验，构造被调函数的方法是以相应的程序段添加 return 语句作为函数体，再添加函数头即可。按此方法，可以得到如下被调函数。

```
long fact( )      /*如何确定函数的类型可以参考 9.2 节*/
{long p;
 int i,k;
 p=1;
```

```
for(i=1;i<=k;i++)
    p=p*i;
return;
}
```

（4）仔细分析该被调函数可以发现，还存在两个问题没有解决。第一个问题是变量 m、n 的值显然应该在主调函数中输入，如何将 m、n 及 $m-n$ 的值传递给被调函数中的变量 k 呢？第二个问题是如何将被调函数中求得的阶乘值（变量 p 的值）传递给主调函数中的变量 c_1、c_2 与 c_3 呢？

在 C 语言中，通常利用函数参数和返回值来实现主调函数与被调函数之间的数据传递。被调函数的参数，指的是被调函数中用来接收数据的变量，其变量定义必须放到函数首部的括号中。被调函数的返回值，指的是被调函数中用来向主调函数传递数据的变量（或表达式），返回值必须置于 return 之后。

（5）引入函数参数和返回值之后，可得到如下被调函数。

```
long fact(int k)        /*如何确定函数的类型可以参考 9.2 节*/
{long p;
 int i;
 p=1;
 for(i=1;i<=k;i++)
    p=p*i;
 return p;
}
```

（6）一旦定义好求阶乘的被调函数，就可以像调用库函数那样来调用它。因此，很容易编写出调用该函数求组合值的主函数。

```
int main(void)
{int m,n;
 long c,c1,c2,c3;
 printf("请输入两个正整数 m 与 n 的值(m>=n): ");
 scanf("%d%d",&m,&n);
 c1=fact(m);
 c2=fact(n);
 c3=fact(m-n);
 c=c1/(c2*c3);
 printf("m 中取 n 的组合值=%ld\n",c);
 return 0;
}
```

（7）不难发现，主函数中的中间变量 c_1、c_2 与 c_3 是可以取消的，从而最终得到完整的程序。

完整的源程序：

```
#include <stdio.h>
long fact(int k)
{long p;
 int i;
 p=1;
 for(i=1;i<=k;i++)
    p=p*i;
```

```
   return p;
}
int main(void)
{int m,n;
 long c;
 printf("请输入两个正整数 m 与 n 的值(m>=n): ");
 scanf("%d%d",&m,&n);
 c=fact(m)/(fact(n)*fact(m-n));
 printf("m 中取 n 的组合值为%ld\n",c);
 return 0;
}
```

通过将较复杂的程序分解为多个函数，使得程序更易于调试和维护，也能改善程序的可读性。

9.2　函数的参数和返回值

在 C 语言中，如何在函数之间传递数据呢？利用函数的参数和返回值在函数之间传递数据，是最常用的方式，也是最规范的方式。

9.2.1　函数的参数

1. 形参与实参

在 C 语言程序中所使用的函数参数，实际上分为形式参数和实际参数两种。形式参数（简称形参），指的是在定义被调函数时所使用的参数，如例 9.3 中的变量 k。实际参数（简称实参），指的是在主调函数中调用被调函数时所使用的参数，如例 9.3 中的变量 m、n 和 $m-n$。

2. 参数的一般形式

1）形参的一般形式

类型说明符 形参 1，类型说明符 形参 2，……

需要注意，定义形参时在每个形参之前都要给出类型说明符。

例如，`int max(int x,int y)`。

2）实参的一般形式

实参 1，实参 2，……

例如，例 9.3 中的 fact（m）、fact（n）、fact（$m-n$）。

需要注意，在调用函数时，函数名和实参之前均不需要类型说明符。例如，函数调用 "`y=double fabs(double x);`" 是错误的。

3. 参数传递

函数之间如何利用实参和形参来实现数据的传递呢？C 语言规定，当主调函数调用被调函数时，将会把实参的值赋给对应的形参；但是在被调函数返回时，不会将形参的值传回给实参。这种单向的传递方式称为值传递。

例如，在例 9.3 中，当主函数调用被调函数 fact 时，相当于分别执行以下三个赋值运算：

```
k=m
```

```
k=n
k=m-n
```

很显然，参数的传递实际上就是一种赋值运算，即将实参的值赋给形参。由于形参位于赋值运算符的左侧，故要求形参只能是变量；由于实参位于赋值运算符的右侧，故实参既可以是变量，也可以是常量或者表达式。

从类型上来说，实参与对应形参的类型最好是相同的，当然也可以是赋值兼容的。

9.2.2 函数的返回值

函数返回值是从被调函数向主调函数传递数据最常用的方式。被调函数的返回值（也称为函数值），是指被调函数用 return 语句传递给主调函数的数据。例如，例 9.3 中用 return（p）; 将变量 p 的值传递到主函数中，分别作为函数调用 fact（m）、fact（n）和 fact（$m-n$）的函数值。

return 语句有三种形式：

（1）return;

（2）return（表达式）;

（3）return 表达式;

对于第一种形式的 return 语句，可以省略不写。

return 语句的功能是从被调函数中返回主调函数，并将表达式的值作为返回值传回主调函数中。在 main 函数中执行 return 语句时，将返回其调用者——操作系统。

使用 return 语句和函数返回值时，需要注意以下几点：

（1）每进行一次函数调用，至多有一个返回值。

例如，有如下函数：

```
int f(int x)
{if(x>=0)
  return 1;
else
  return -1;
}
```

表面上看起来在这个函数中有两条 return 语句，但是并不代表该函数有两个返回值。因为该函数每调用一次，只能执行其中的一条 return 语句，故只有一个返回值。

（2）如果在一个函数中使用 return;这种形式的 return 语句，或者直接省略 return 语句，则说明该函数不需要返回函数值。此时，应当将其函数类型定义为 void 类型（空值类型），以明确表示该函数无返回值。

例如，例 9.1 中的被调函数 printstar 就应该定义为 void 类型。

（3）在定义一个函数时，如何确定它的类型呢？一般而言，函数的类型应当与 return 之后表达式的类型相同（或赋值兼容）。例如，例 9.3 中的被调函数 fact 就应该定义为 long 类型。

如果一个函数的类型与 return 之后表达式的类型不同，那么该函数的类型将决定返回值的类型。

例如，若有如下函数：

```
int f(void)
{return 3.96;
}
```

则该函数的返回值为 3。

（4）在 C89 标准中，如果在定义一个函数时省略了函数的类型，则默认为 int 型。因此，在 C89 标准中 main（）等同于 int main（）。

在 C99 标准中，定义函数时不允许省略函数的类型。C99 标准要求 main 函数必须返回一个整数函数值，因此其函数体中通常有一条 return 0;语句，相应地其函数首部形式为 int main（）或 int main（void）。需要注意，void main（）或 main（）都是废弃的形式，在 C99 标准中已不允许使用。

【例 9.4】 已知一个圆环的内外半径，要求编写一个求圆面积的被调函数，然后调用该函数求出圆环的面积。

编程思路：

（1）对于初学者，若难以直接写出求圆面积的被调函数，则可以先写出求圆面积的主函数。

```
#include <stdio.h>
int main(void)
{float r,s;
 scanf("%f",&r);
 s=3.14159*r*r;
 printf("s=%f\n",s);
 return 0;
}
```

（2）将上述主函数改写为被调函数。改写的方法就是将原程序中需要输入的变量改为形参，将原程序中需要输出的变量（或表达式）改为函数的返回值，从而得到如下被调函数。

```
float area(float r)
{float s;
 s=3.14159*r*r;
 return s;
}
```

（3）进而得到完整的源程序。

```
#include <stdio.h>
float area(float r)
{float s;
 s=3.14159*r*r;
 return s;
}
int main(void)
{float r1,r2,s1,s2,s0;
 printf("请输入圆环的外圆半径和内圆半径：");
 scanf("%f%f",&r1,&r2);
 s1=area(r1);
 s2=area(r2);
 s0=s1-s2;
 printf("圆环面积=%f\n",s0);
 return 0;
}
```

【例 9.5】 定义一个求两个数中最大数的函数，并在主函数中通过调用它求出四个数中的最大数。

编程思路:

（1）对于初学者，若难以直接写出求两个数中最大数的被调函数，则可以先写出求两个数中最大数的主函数。

```
#include <stdio.h>
int main(void)
{int x,y,z;
 scanf("%d%d",&x,&y);
 if(x>y)
   z=x;
 else
   z=y;
 printf("z=%d\n",z);
 return 0;
}
```

（2）将上述主函数改写为被调函数。改写的方法就是将原程序中需要输入的变量改为形参，将原程序中需要输出的变量（或表达式）改为函数的返回值，从而得到如下被调函数。

```
int max(int x,int y)
{int z;
 if(x>y)
   z=x;
 else
   z=y;
 return(z);
}
```

（3）进而得到完整的源程序。

```
#include <stdio.h>
int max(int x,int y)
{int z;
 if(x>y)
   z=x;
 else
   z=y;
 return(z);
}
int main(void)
{int a,b,c,d,m1,m2,m;
 printf("请输入 4 个整数: ");
 scanf("%d%d%d%d",&a,&b,&c,&d);
 m1=max(a,b);          /*调用被调函数 max 求最大数*/
 m2=max(c,d);
 m=max(m1,m2);
 printf("最大数=%d\n",m);
 return 0;
}
```

9.3 函数的调用方式与函数原型的声明

9.3.1 函数的调用方式

当在主调函数中调用被调函数时，按照函数调用所起的作用来看，可以将函数调用分为两种方式。

1. 函数调用作表达式

在这种调用方式中，函数调用出现在一个表达式中，作为一个表达式的一部分，因而它本身也视为一个表达式。如果一个函数调用作为另一个函数的参数，也可以看作函数调用作表达式。

例如：

```
s=s+fact(n);
printf("%f\n",fact(n));
```

很显然，当函数调用作表达式时，函数调用的结果需要参与表达式中的运算，因此这种调用方式要求被调函数必须有返回值。因而，void 类型函数的函数调用不能出现在表达式中，也不能作为另一个函数的参数。

【例 9.6】 函数的调用方式错例。

```
#include <stdio.h>
void max(int x,int y)
{int z;
 if(x>y)  z=x;
 else  z=y;
 return;
}
int main(void)
{int a,b,c;
 scanf("%d%d",&a,&b);
 c=max(a,b);
 printf("c=%d\n",c);
 return 0;
}
```

该程序中存在的问题：

（1）函数 max 定义为 void 类型，故其函数调用不能作表达式。

（2）在函数 max 中求得的最大值 z 未传回 main 函数中。

2. 函数调用作语句

在这种调用方式中，函数调用不出现在任何表达式中，而是通过添加一个分号成为一条单独的语句。

例如：

```
printstar();
printf("Hello world!\n");
```

很显然，当函数调用作语句时，不需要使用函数调用的结果参与任何运算，因此这种调用方式不要求被调函数有返回值。因而，不管是有返回值的函数还是 void 类型的函数，都可以用语句的形式进行函数调用。

总而言之，void 类型的函数只能用语句的形式调用，而不能用表达式的形式调用；有返回值的函数既可以用表达式的形式调用，也可以用语句的形式调用。

【例 9.7】 有返回值的函数的调用方式。

```
#include <stdio.h>
int main(void)
{int a,b,n;
 a=123;
 b=456;
 printf("a=%d,b=%d\n",a,b);  //函数调用作语句
 n=printf("a=%d,b=%d\n",a,b);    //函数调用作表达式
       //printf 函数的返回值是实际输出字符的个数
 printf("n=%d\n",n);
 return 0;
}
```

9.3.2 函数原型的声明

当一个 C 语言程序中包含多个函数时，主调函数与被调函数的相对位置是灵活多变的，既可以将被调函数定义在主调函数之前，也可以将被调函数定义在主调函数之后。不过，如果被调函数的定义位于主调函数之后，那么系统在进行编译时将会产生很多疑问，从而不便于进行语法检查。

例如，如果将例 9.4 修改为主调函数在前、被调函数在后的形式，那么当系统对该程序进行编译时，将会首先扫描主函数。当扫描到语句 s1=area(r1); 和 s2=area(r2); 时，将会对被调函数的函数名、形参的个数、形参的类型、返回值的类型等一无所知，因而无法对主调函数中的调用格式进行合法性检查。

基于上述原因，C 语言规定，只要是在主调函数之后定义的被调函数，必须在调用之前声明其函数原型，以便于对函数的调用格式进行合法性检查。声明函数原型的方法，就是直接将被调函数的首部复制一份，并添加分号构成语句即可。

例如：

```
float area(float r);
```

还有一种简化的写法，省略具体的形参名而只保留形参的类型。因为函数原型中的形参名，不在编译系统的合法性检查之列，所以上述函数原型可简化为如下形式：

```
float area(float);
```

被调函数原型的声明，既可以在主调函数之前进行，也可以在主调函数内部的变量定义部分进行。比较好的方式是在主调函数之前进行被调函数原型的声明。

【例 9.8】 添加了函数原型的求圆环面积的程序。

```
#include <stdio.h>
float area(float r);            /*声明函数原型*/
int main(void)
{float r1,r2,s1,s2,s0;
 printf("请输入圆环的外圆半径和内圆半径: ");
```

```
  scanf("%f%f",&r1,&r2);
  s1=area(r1);
  s2=area(r2);
  s0=s1-s2;
  printf("圆环面积=%f\n",s0);
  return 0;
}
float area(float r)
{float s;
 s=3.14159*r*r;
 return s;
}
```

为什么在调用库函数时，不需要声明函数原型呢？实际上，在程序中调用库函数时，也需要对库函数的原型进行声明。只不过 C 语言编译器已经在标准头文件中，对所有库函数的原型进行声明；而编程用户只需要用 include 命令将相应的头文件包含到源程序中即可。

【例 9.9】 编写一个判断素数的函数，然后调用该函数求出 100 万以内的所有素数。

编程思路：

（1）将例 5.18 中判断素数的程序改写为被调函数。通常将这种判断"真假"（"是否"）函数的类型定义为整型，当结论为"真"时返回值取 1；当结论为"假"时返回值取 0。

```
int isprime(int m)
{int i;
 for(i=2;i<m;i++)
   {if(m%i==0)
      break;
   }
 if(i>=m)
   return 1;          /*是素数返回1*/
 else
   return 0;          /*不是素数返回0*/
}
```

该函数也可优化为如下形式：

```
int isprime(int m)
{int i;
 for(i=2;i<m;i++)
   {if(m%i==0)
    return(0);   /*若能整除，则 m 不是素数，直接返回 0*/
   }
 return(1);      /*若执行至此，则肯定不能整除，即 m 是素数，返回 1*/
}
```

（2）在主函数中直接调用该被调函数，从而得到完整的源程序。

完整的源程序：

```
#include <stdio.h>
int isprime(int m)
{int i;
```

```
   for(i=2;i<m;i++)
    {if(m%i==0)
        return(0);    /*若能整除，则 m 不是素数，直接返回 0*/
    }
   return(1);         /*若执行至此，则肯定不能整除，即 m 是素数，返回 1*/
}
int main(void)
{int n;
 printf("100 万以内的素数：\n");
 for(n=2;n<=1000000;n++)
   {if(isprime(n))    /*等价于 if(isprime(n)!=0)*/
       printf("%d,",n);
   }
 printf("\n");
 return 0;
}
```

9.4 变量的作用域和生存期

9.4.1 变量的作用域

在 C 语言程序中定义的标识符，并非在整个程序中都是有效的，而只有在一定的代码范围之内才有效，这个范围就称为该标识符的作用域。本小节着重讨论变量的作用域。

1. 局部变量

局部变量，是指变量的作用域是程序中的局部范围，而非整个程序。哪些变量是局部变量呢？凡是在函数内部定义的变量，包括在函数体中定义的变量和在函数头中定义的形参，都是局部变量。

在 C89 标准中，只能在函数体或复合语句的开头定义局部变量；而在 C99 标准中，可以在函数体的任意位置定义局部变量。局部变量的作用域，是从它的定义点开始直至定义它的函数体或者复合语句的末尾。

在例 9.3 中，被调函数 fact 中定义的变量 p 和 i 以及形参 k 均为局部变量，故不能在主函数中直接对变量 p 和 i 以及形参 k 进行操作。同样地，主函数中定义的变量 m、n 和 c 也都是局部变量。

【例 9.10】 局部变量示例之一。

```
#include <stdio.h>
void fun()
{s=s*2;
 printf("fun 函数中 s=%d\n",s);
 return;
}
int main(void)
{int s;
```

```
s=10;
fun();
printf("main 函数中 s=%d\n",s);
return 0;
}
```

该程序在编译时，将会提示"函数 fun 中的变量 s 未定义"的错误。这是因为在主函数中定义的变量 s 为局部变量，故 s 只能在主函数中引用，而不能在其他函数中引用。也就是说，局部变量只能在定义它的函数中引用。

【例 9.11】 局部变量示例之二。

```
#include <stdio.h>
int main(void)
{int a,b;
 scanf("%d%d",&a,&b);
   {int t;
    t=a;
    a=b;
    b=t;
   }
 printf("t=%d\n",t);
 printf("a=%d,b=%d\n",a,b);
 return 0;
}
```

该程序在编译时，将会提示变量 t 未定义的错误。这是因为局部变量 a、b 是在函数体的开头定义的，故它们的作用域是整个函数体；而局部变量 t 是在复合语句的开头定义的，故它的作用域是定义它的复合语句。因此，在该复合语句之外，不能引用变量 t。

修正之后的源程序：

```
#include <stdio.h>
int main(void)
{int a,b;
 scanf("%d%d",&a,&b);
   {int t;
    t=a;
    a=b;
    b=t;
    printf("t=%d\n",t);
   }
 printf("a=%d,b=%d\n",a,b);
 return 0;
}
```

【例 9.12】 局部变量示例之三。

```
#include <stdio.h>
void fun()
{int s;
 s=20;
 printf("fun 函数中 s=%d\n",s);
```

```
    return;
}
int main(void)
{int s;
 s=10;
 fun();
 printf("main 函数中 s=%d\n",s);
 return 0;
}
```

程序运行结果：

```
fun 函数中 s=20
main 函数中 s=10
```

可以发现，在同一个程序的不同函数中，可以定义同名的局部变量，编译系统将视为相互独立、互不影响的变量。

2. 全局变量

一个 C 语言程序，既可以像前面所介绍的程序那样只包括一个程序文件，也可以包括多个程序文件。

全局变量是指变量的作用域是整个程序文件。在 C 语言程序中，凡是在函数外部定义的变量，一律都是全局变量。在默认情况下，全局变量的作用域是从其定义点开始直至本程序文件的末尾。

【例 9.13】 全局变量示例。

```
#include <stdio.h>
int s;        //全局变量
void fun()
{s=20;
 printf("fun 函数中 s=%d\n",s);
 return;
}
int main(void)
{s=10;
 fun();
 printf("main 函数中 s=%d\n",s);
 return 0;
}
```

程序运行结果：

fun 函数中 s=20

main 函数中 s=20

1）利用全局变量在函数之间传递数据

根据全局变量作用域的特点，可以利用全局变量在同一个程序的函数之间传递数据。

【例 9.14】 编写一个求圆面积的被调函数以及调用它求圆环面积的主函数。限定不能使用函数返回值从被调函数向主调函数传递数据。

编程思路：

由于限定不能使用函数返回值从被调函数向主调函数传递数据，故被调函数的类型应该定义为 void 类型。那么，如何将被调函数中求得的圆面积值传递到主调函数中呢？方法就是借助全局变量。

源程序：

```
#include <stdio.h>
float s;         //全局变量
void area(float r)
{
 s=3.14159*r*r;
 return;
}
int main(void)
{
 float r1,r2,s1,s2,s0;
 printf("请输入圆环的外圆半径和内圆半径: ");
 scanf("%f%f",&r1,&r2);
 area(r1);       //函数调用作语句
 s1=s;
 area(r2);       //函数调用作语句
 s2=s;
 s0=s1-s2;
 printf("圆环面积=%f\n",s0);
 return 0;
}
```

在该程序中，变量 s 为全局变量，因此在整个程序文件（既包括被调函数，也包括主函数）中均可引用。由此可见，既可以利用函数的参数和返回值，也可以利用全局变量，来实现函数之间的数据传递。

利用被调函数的返回值传递数据有一个限制，就是每次函数调用至多有一个返回值。而利用全局变量则没有这个限制，只要定义多个全局变量，就可以将多个数据传回到主调函数中。

看起来利用全局变量在函数之间传递数据的方式很方便，不过这种方式也有其副作用，就是提高了函数之间的耦合性（相互影响性）。根据软件工程的思想，这种耦合性越低越好，因此应尽量减少全局变量的使用。

2）同名变量的屏蔽

在 C 语言中，允许具有不同作用域的变量重名。当全局变量与局部变量重名时，在该局部变量的作用域内，同名的全局变量将被屏蔽；当两个不同层次的局部变量重名时，在内层局部变量的作用域内，同名的外层局部变量将被屏蔽。

【例 9.15】 同名变量的屏蔽示例。

```
#include <stdio.h>
int a=123;
int main(void)
{
   {
    int a;
```

```
      a=456;
        {
          int a;
          a=789;
          printf("内层的 a=%d\n",a);
        }
      printf("中层的 a=%d\n",a);
      }
  printf("外层的 a=%d\n",a);
  return 0;
}
```
程序运行结果:

```
内层的 a=789
中层的 a=456
外层的 a=123
```

可见，该程序中有三个相互独立、互不影响的变量 a，而且中层的局部变量 a 能够屏蔽全局的变量 a，内层的局部变量 a 能够屏蔽外层的局部变量 a 和全局的变量 a。

9.4.2 变量的生存期

变量的生存期是指从为变量分配内存空间开始，直至变量失效回收其内存空间的过程。C 语言中的变量，分为两种存储方式，相应地具有两种生存期。

（1）静态存储方式。在一个程序开始运行之前为变量分配内存，在该程序运行结束时回收变量的内存。这种方式分配的变量具有静态生存期。

（2）动态存储方式。在一个程序运行的过程中，根据需要动态地为变量分配内存或回收内存。这种方式分配的变量具有自动生存期。显然，动态存储方式具有更好的存储效率。

所有的全局变量都采用静态存储方式，而局部变量既可以采用动态存储方式，也可以采用静态存储方式。局部变量具体采用哪一种存储方式，是通过定义其存储类别来确定的。局部变量的存储类别分为三种，即自动变量、静态局部变量和寄存器变量。

1. 自动变量

这种局部变量所占用的内存，在特定的时机自动分配、自动回收，故称为自动变量。在程序中，如何定义自动变量呢？其定义形式为

auto 类型说明符 变量名;

例如：

```
auto int a,b;
```
C 语言规定，凡是未明确声明存储类别的局部变量，均视为自动变量。之前使用的局部变量，均未声明存储类别，从而默认为自动变量。

由于只有在其作用域之内的语句中，局部变量才会被引用，所以在程序进入作用域之前，或离开作用域之后，均无须为局部变量保留内存空间。因此，当程序进入自动变量的作用域时，编译系统才自动为其分配内存空间；当程序离开自动变量的作用域时，编译系统就自动回收其内存空间。

【例 9.16】 自动变量的内存分配与回收。

```
#include <stdio.h>
```

```
int max(int x,int y)        //执行到此，为变量 x、y 分配内存
{int z;                     //执行到此，为变量 z 分配内存
 if(x>y) z=x;
 else z=y;
 return(z);                 //执行到此，回收变量 x、y、z 的内存
}
int main(void)
{int a,b,c;                 //执行到此，为变量 a、b、c 分配内存
 scanf("%d%d",&a,&b);
 c=max(a,b);
 printf("c=%d\n",c);
 return 0;                  //执行到此，回收变量 a、b、c 的内存
}
```

此外，未经赋值的自动变量，它的值是不确定的。这就是为什么程序中的局部变量一般都需要赋初值的原因。

2. 静态局部变量

这种局部变量所占用的内存，编译系统在程序运行之前为其分配，并进行唯一的一次初始化（因为只有在分配内存时，才进行初始化）；在程序运行结束时进行回收，故称为静态局部变量。在程序中，如何定义静态变量呢？其定义形式为

static 类型说明符 变量名；

例如：

```
static int a,b;
```

下面通过例子，来对比静态局部变量与自动变量的不同。

【例 9.17】 自动变量的生存期。

```
#include <stdio.h>
int fact(int n)
{int f=10;      //自动变量
 f=f*n;
 return(f);
}
int main(void)
{int s;
 s=fact(2);
 printf("第一次调用 s=%d\n", s);
 s=fact(3);
                printf("第二次调用 s=%d\n", s);
                return 0;
}
```

图 9.1 自动变量
的分配与回收

程序运行结果：
```
第一次调用 s=20
第二次调用 s=30
```

（1）由于该程序中的变量 f 是自动变量，故进入函数体时为其分配内存，函数返回时回收其内存。

（2）当第一次调用返回时，变量 f 的内存将回收；当第二次调用时，重新给变量 f 分配内存，如图 9.1 所示。

（3）因此，两次调用中的变量 f 是两个完全独立、互不影响的变量。

【例 9.18】 静态局部变量的生存期。

```
#include <stdio.h>
int fact(int n)
  {static int f=10;            //静态局部变量
   f=f*n;
   return(f);
  }
int main(void)
  {int s;
   s=fact(2);
   printf("第一次调用 s=%d\n", s);
   s=fact(3);
   printf("第二次调用 s=%d\n", s);
   return 0;
  }
```

程序运行结果：

第一次调用 s=20
第二次调用 s=60

（1）由于该程序中的变量 f 是静态变量，在整个程序运行之前为其分配内存，并进行唯一的一次初始化；而在程序运行过程中，不再进行初始化。

（2）在程序运行过程中，变量 f 的内存将一直保留；直至整个程序运行结束，回收其内存。

（3）因此，两次调用中的变量 f 是同一个变量。第一次调用返回时变量 f 中的值，将保留到第二次调用，如图 9.2 所示。

图 9.2 静态变量的分配与回收

C 语言规定，对于未进行初始化的静态变量，编译系统在分配内存时会自动初始化为 0。即便如此，最好还是显式地给出静态局部变量的初值，从而使得程序更加规范。

3. 寄存器变量

寄存器变量就是在程序运行时存储于 CPU 寄存器中的局部变量，便于快速访问，通常用于频繁使用的变量，它具有与自动变量相同的生存期。

定义寄存器变量的一般形式为

register 类型说明符 变量名表;

例如：

register int a,b;

需要注意，由于寄存器变量存储于寄存器中，而非内存单元中，所以寄存器变量不具有内存地址，不能对寄存器变量进行取地址运算。

错例：

register int a;
scanf("%d",&a);   //错误

定义寄存器变量，只是建议存储于寄存器中，而并非一定存储于寄存器中。当今大多

数 C 语言编译系统能够自动优化寄存器的分配，因此定义寄存器变量已无必要。

9.5 拓展：多文件程序

一个 C 语言源程序，既可以由一个程序文件组成，也可以由多个程序文件组成。那么，如何运行一个多文件的 C 程序呢？

9.5.1 多文件程序的运行

【例 9.19】 已知一个圆环的内外半径，要求编写一个求圆的面积的函数，然后调用该函数求出圆环的面积。

假定将源程序保存为两个文件 prg1.c 和 prg2.c。

prg1.c 源程序：

```
#include <stdio.h>
float area(float r);     /*必须对被调函数声明函数原型*/
int main(void)
{
 float r1,r2,s1,s2,s0;
 printf("请输入圆环的外圆半径和内圆半径: ");
 scanf("%f%f",&r1,&r2);
 s1=area(r1);
 s2=area(r2);
 s0=s1-s2;
 printf("圆环面积=%f\n",s0);
 return 0;
}
prg2.c 源程序：
float area(float r)
{
 float  s;
 s=3.14159*r*r;
 return s;
}
```

如何运行一个多文件的 C 程序呢？首先创建一个空的项目文件，然后将源程序文件 prg1.c 和 prg2.c 分别添加到该项目中，最后对项目进行编译、连接和运行即可。

9.5.2 函数的存储类别

所有函数的定义都是全局的，故可以被同一个程序文件中的其他函数所调用。对于具有多个源文件的程序，可以通过声明函数的存储类别以明确该函数可否被其他程序文件中的函数所调用。

函数按存储类别分为外部函数与静态函数两种。

1. 外部（extern）函数

定义外部函数的一般形式为

```
extern 类型说明符 函数名()
```
或者
```
extern 类型说明符 函数名(形参表)
```
例如：
```
extern float area(float r)
{
 float s;
 s=3.14159*r*r;
 return s;
}
```

一个函数被定义为外部函数之后，除了可以被同一个程序文件中的函数所调用之外，还可以被其他程序文件中的函数所调用。当外部函数需要被其他程序文件中的函数调用时，应当首先在主调函数所在的程序文件中，对该外部函数的原型进行声明。

若在定义一个函数时未明确指定其存储类别，则默认为外部函数。例如，例 9.19 中的被调函数 area 即是外部函数。

2. 静态（static）函数

定义静态函数的一般形式为
```
static 类型说明符 函数名()
```
或者
```
static 类型说明符 函数名(形参表)
```
一个函数若被定义为静态函数，则该函数只能被同一个程序文件中的其他函数所调用。

【错例】　假定求圆环的面积的源程序由 prg1.c 和 prg2.c 两个程序文件组成。

prg2.c 源程序：
```
static float area(float r)
{
 float  s;
 s=3.14159*r*r;
 return s;
}
prg1.c 源程序:
#include <stdio.h>
static float area(float r);   /*对被调函数声明函数原型*/
int main(void)
{
 float r1,r2,s1,s2,s0;
 printf("请输入圆环的外圆半径和内圆半径: ");
 scanf("%f%f",&r1,&r2);
 s1=area(r1);
 s2=area(r2);
 s0=s1-s2;
 printf("圆环面积=%f\n",s0);
 return 0;
```

}

该程序编译时将会出现函数 area 未定义的错误。这是因为此处的函数 area 为静态函数，故只限于被同一个程序文件中的函数所调用。

9.5.3 全局变量的存储类别

全局变量均采用静态存储方式，即在整个程序运行期间始终占据内存空间。不过，可以利用存储类别来扩展或者限制全局变量的作用域。

按存储类别，全局变量可分为外部全局变量与静态全局变量两种。

1. 外部全局变量

未作特别声明的全局变量，即为外部全局变量。外部全局变量除了可以在定义它的程序文件中被引用之外，还可以在其他程序文件中被引用。当外部全局变量需要在其他程序文件中被引用时，应当首先在这个程序文件中对该外部全局变量进行声明（只是说明该全局变量已经在别处定义，不需要重新分配存储空间）。

声明外部全局变量的一般形式为

```
extern 类型说明符 变量名表;
```

例如：

```
extern int a,b;
```

【例 9.20】 外部全局变量示例。

假定源程序保存为两个文件 prg1.c 和 prg2.c。

prg1.c 源程序：

```
#include <stdio.h>
extern void fun();
float x;                  /*定义外部全局变量*/
int main(void)
{
 x=123;
 fun();
 printf("函数main中x=%f\n",x);
 return 0;
}
```

prg2.c 源程序：

```
extern float x;           /*声明外部全局变量，表示是同一个变量*/
void fun()
{
 x=x*100;
 printf("函数 fun 中x=%f\n",x);
 return;
}
```

程序运行结果：

```
函数 fun 中 x=12300.000000
函数 main 中 x=12300.000000
```

特别要注意，在定义外部全局变量时，不能使用 extern 关键字；只有在声明外部全局变量时，才使用 extern 关键字。否则，将会导致无法区分何处是定义、何处是声明。

显然，程序文件 prg1.c 中的 x 和 prg2.c 中的 x 是同一个变量。可见，通过声明外部全局变量，可以实现在多个程序文件中对同一个全局变量的共享。

2. 静态全局变量

若希望某个全局变量只能在定义它的程序文件中被引用，而不能在其他程序文件中被引用，则可以将其定义为静态全局变量。

定义静态全局变量的一般形式为

```
static 类型说明符 变量名;
```

例如：

```
static int a,b;
```

【例 9.21】 静态全局变量示例。

假定将源程序保存为两个文件 prg1.c 和 prg2.c。

prg1.c 源程序：

```
#include <stdio.h>
extern void fun1();
void fun2();
static float x;    /*定义静态全局变量*/
int main(void)
{
 x=123;
 fun1();
 fun2();
 printf("函数 main 中 x=%f\n",x);
 return 0;
}
void fun2()
{x=x*100;
 printf("函数 fun2 中 x=%f\n",x);
 return;
}
```

prg2.c 源程序：

```
static float x;    /*定义静态全局变量*/
void fun1()
{
 x=456;
 printf("函数 fun1 中 x=%f\n",x);
 return;
}
```

程序运行结果：

```
函数 fun1 中 x=456.000000
函数 fun2 中 x=12300.000000
函数 main 中 x=12300.000000
```

需要注意，程序文件 prg1.c 和 prg2.c 中的语句 static float x;都是定义静态全局变量（这

第 9 章 函 数

155

两个 x 是相互独立、互不影响的变量），而非声明静态全局变量。因为静态全局变量只限于在定义它的程序文件中被引用，所以当然不需要在其他程序文件中对它进行声明。

可见，通过将变量声明为静态全局变量，实现了在多个程序文件中对全局变量的隔离。

第 10 章 函 数 进 阶

本章讨论关于函数的进一步应用,主要包括指针与数组名用作函数参数、指针型函数、指向函数的指针以及函数的递归调用。

10.1 指针作函数参数

C 语言函数的参数不仅可以是整型、实型、字符型等数值类型的数据,还可以是指针类型的数据。指针型参数的作用是将主调函数中的变量地址传递到被调函数中,从而实现变量的跨函数间接引用。

下面首先来看一个引例。

【例 10.1】 在主函数中输入两个整数并存入局部变量 a、b 中,然后在被调函数中将这两个变量的值互换,最后在主函数中输出结果。

方法一编程思路:

(1)采用参数传递的方式,将主函数中两个变量的值传递到被调函数中。

(2)在被调函数中将这两个变量的值互换。

相应的源程序:

```c
#include <stdio.h>
void swap(int m,int n)
{int t;
 t=m;
 m=n;
 n=t;
 printf("m=%d,n=%d\n",m,n);
 return;
}
int main(void)
{int a,b;
 printf("请输入两个整数: ");
 scanf("%d%d",&a,&b);
 swap(a,b);
 printf("a=%d,b=%d\n",a,b);
 return 0;
}
```

程序运行结果:

```
请输入两个整数: 123 456
m=456,n=123
a=123,b=456
```

观察运行结果,可以发现被调函数中变量 m、n 的值的确实现了互换,但是主调函数中变量 a、b 的值并没有改变。为什么呢？其原因就在于 C 语言中参数的传递是单向的，即只能将实参的值传递给对应的形参，而不能再将形参的值传递给对应的实参。

下面换另一种方法尝试一下。

方法二编程思路：

在被调函数中，通过直接引用的方式交换主调函数中两个变量的值。

源程序：

```
#include <stdio.h>
void swap()
{int t;
 t=a;    //直接引用变量a、b
 a=b;
 b=t;
 return;
}
int main(void)
{int a,b;
 printf("请输入两个整数：");
 scanf("%d%d",&a,&b);
 swap();
 printf("a=%d,b=%d\n",a,b);
 return 0;
}
```

该程序在编译时，将会产生变量 a、b 未定义的语法错误。这是因为变量 a、b 是在主函数中定义的局部变量，故不能在被调函数 swap 中直接引用变量 a、b。

方法三编程思路：

（1）既然在被调函数中不能直接引用主调函数中的局部变量，能不能想办法间接引用变量 a、b 呢？此处欲实现间接引用，必须首先在被调函数中定义两个指针变量，并将变量 a、b 的地址分别赋给这两个指针变量。

（2）在被调函数中，通过间接引用的方式交换主调函数中两个变量的值。

源程序：

```
#include <stdio.h>
void swap()
{int t,*p,*q;
 p=&a;
 q=&b;
 t=*p;    //等价于t=a;
 *p=*q;   //等价于a=b;
 *q=t;    //等价于b=t;
 return;
}
int main(void)
{int a,b;
 printf("请输入两个整数：");
 scanf("%d%d",&a,&b);
 swap();
```

```
    printf("a=%d,b=%d\n",a,b);
    return 0;
    }
```

不过，该程序在编译时，仍将产生变量a、b未定义的语法错误。其原因在于被调函数中仍然存在对变量a、b的直接引用。

方法四编程思路：

（1）在被调函数中，如何才能既可以获得变量 a、b 的地址，又不会出现对变量 a、b 的直接引用呢？方法就是利用指针参数，即在主调函数中以变量a、b的地址作为实参，并在被调函数中定义相对应的指针类型的形参，就可以将变量a、b的地址传递给被调函数中的指针变量。

（2）在被调函数中，通过指针形参间接引用并交换主调函数中两个变量的值。

源程序：

```
#include <stdio.h>
void swap(int *p,int *q)
{int t;
 t=*p;   //等价于 t=a;
 *p=*q;  //等价于 a=b;
 *q=t;   //等价于 b=t;
 return;
 }
int main(void)
{int a,b;
 printf("请输入两个整数: ");
 scanf("%d%d",&a,&b);
 swap(&a,&b);
 printf("a=%d,b=%d\n",a,b);
 return 0;
 }
```

程序运行结果：

```
请输入两个整数: 123 456
a=456,b=123
```

可见，该程序成功地在被调函数中改写了主调函数中两个局部变量的值。其实现原理是，首先将主调函数中局部变量的地址传递到被调函数中，然后在被调函数中对主调函数中的局部变量进行间接引用。其实质是一种跨函数间接引用。

需要注意，此时的参数传递仍然是单向的，即只是将地址实参的值传递给指针形参，而并未再将指针形参的值传递给地址实参。

swap 函数的交换过程如图 10.1 所示。

由此，总结出跨函数间接引用局部变量的一般步骤：

（1）在主调函数中将需要在被调函数中进行改写的变量的地址作为实参。

（2）在被调函数中定义与主调函数中的地址实参相对应的指针形参。

（3）在被调函数中通过指针形参间接引用主调函数中对应的变量，并进行改写。

图 10.1 swap 函数的交换过程

【例 10.2】 在主函数中输入三个整数，然后在被调函数中求出三个数中的最大数，最后在主函数中输出结果。限定不能使用return语句或全局变量将求得的最大数传回主函数。

编程思路：

（1）主函数中的三个整数可以用实参的形式传递到被调函数中，因此需要在被调函数中定义三个整型形参。

（2）由于限定不能使用 return 语句或全局变量将求得的最大数传回主函数，所以只能通过跨函数间接引用将最大数传回主函数。

源程序：

```c
#include <stdio.h>
void find(int a,int b,int c,int *p)
{int m;
 if(a>b) m=a;
 else m=b;
 if(c>m) m=c;
 *p=m;      //不能用直接引用形式的 max=m;
 return;
}
int main(void)
{int x,y,z,max;
 printf("请输入三个整数：");
 scanf("%d%d%d",&x,&y,&z);
 find(x,y,z,&max);     //函数调用作语句
 printf("最大数=%d\n",max);
 return 0;
}
```

由此可见，除了利用函数的返回值或者全局变量，还可以利用指针形参，实现从被调函数中向主调函数传递数据。其实质是在被调函数中以跨函数间接引用的形式，对主调函数中的变量进行赋值。在 scanf 函数中，为什么第二个参数只能是接收数据的变量的地址而不是变量名本身，其原因即在于此。

那么，何时用普通变量作为形参，何时用指针变量作为形参呢？若只是需要将主调函数中的数据传递给被调函数中的变量，则应当使用普通变量形参；若需要将被调函数中的数据传递给主调函数中的变量，则应当使用指针变量形参。

10.2 数组名作函数参数

由于 C 语言中的数组名实质上是一个地址，故以数组名作为函数的参数时，其功能与指针作为函数的参数几近相同。

10.2.1 一维数组名作函数参数

首先来看一个简单的例子。

【例 10.3】 在主函数中输入 10 个整数，并存入一个一维数组中；然后在被调函数中，将 0 号元素的值修改为原值的 10 倍；最后在主函数中输出结果。

编程思路：

根据 10.1 节的内容可知,若想在被调函数中对主调函数中某个局部变量的值进行改写,则必须将该局部变量的地址传递到被调函数中，然后以跨函数间接引用的形式进行赋值。

相应的源程序：

```
#include <stdio.h>
void fun(int *p)
{*p=*p*10;        //等价于a[0]=a[0]*10;
 return;
}
int main(void)
{int a[10],i;
 printf("请输入 10 个整数: \n");
 for(i=0;i<=9;i++)
    scanf("%d",&a[i]);
 fun(&a[0]);
 for(i=0;i<=9;i++)
    printf("%d,",a[i]);
 return 0;
}
```

那么，如果要在被调函数中对主调函数中一维数组的所有元素进行间接引用，是不是需要将每个元素的地址都传递到被调函数中呢？实际上并不需要。因为一维数组中元素的地址是连续有序的，只要知道数组中 0 号元素的地址，就可以求得其他元素的地址。因此，只需要将数组的首地址传递到被调函数中即可。这时通常以数组名（数组的首地址）作为实参，以相应类型的指针变量作为形参。

【例 10.4】 在主函数中输入 10 个整数，并存入一个一维数组 a 中；然后在被调函数中，将所有数组元素的值修改为原值的 10 倍；最后在主函数中输出结果。

编程思路：

（1）在主函数中以数组名 a 作为实参。

（2）在被调函数中以指针变量 p 作为形参。

（3）在参数传递之后，在被调函数中就可以用指针变量 p 来间接引用主调函数中的数组元素，如图 10.2 所示。

相应的源程序：

```
#include <stdio.h>
void fun(int *p)
{*(p+0)=*(p+0)*10; //a[0]=a[0]*10;
 *(p+1)=*(p+1)*10; //a[1]=a[1]*10;
 ......
 *(p+9)=*(p+9)*10; //a[9]=a[9]*10;
 return;
}
int main(void)
{int a[10],i;
```

图 10.2 通过形参 p 间接引用数组元素

```
printf("请输入 10 个整数: \n");
 for(i=0;i<=9;i++)
   scanf("%d",&a[i]);
 fun(a);  //等同于 fun(&a[0]);
 ......
}
```

完整的源程序:

```
#include <stdio.h>
void fun(int *p)
{int i;
 for(i=0;i<=9;i++)
   *(p+i)=*(p+i)*10;
 return;
}
int main(void)
{int a[10],i;
 printf("请输入 10 个整数: \n");
 for(i=0;i<=9;i++)
   scanf("%d",&a[i]);
 fun(a);
 for(i=0;i<=9;i++)
   printf("%d ",a[i]);
 return 0;
}
```

由于数组名只是一个地址, 并未包含数组的长度信息, 为了提高被调函数的通用性, 通常需要设置另外一个参数, 专门用来传递数组的长度。

改进的源程序:

```
#include <stdio.h>
void fun(int *p,int n)
{int i;
 for(i=0;i<=n-1;i++)
   *(p+i)=*(p+i)*10;
 return;
}
int main(void)
{int a[10],i;
 printf("请输入 10 个整数:\n");
 for(i=0;i<=9;i++)
   scanf("%d",&a[i]);
 fun(a,10);
 for(i=0;i<=9;i++)
   printf("%d ",a[i]);
 return 0;
}
```

可以发现, 当用数组名作函数参数时, 只需要向被调函数传递数组的首地址和长度, 而不需要传递所有数组元素的值, 因而具有较高的存储效率和时间效率。

尽管该程序中的形参 p 是指针变量，而不是数组名，然而为了提高程序的直观性，C语言却允许将间接引用形式的*（p+i）表示为数组元素形式的 p[i]。从而可以将被调函数改写为

```
void fun(int *p,int n)
{int i;
 for(i=0;i<=n-1;i++)
   p[i]=p[i]*10;
 return;
}
```

甚至于函数头中的指针形参，也可以改写为数组形式，从而进一步将被调函数改写为

```
void fun(int p[],int n)
{int i;
 for(i=0;i<=n-1;i++)
  p[i]=p[i]*10;
 return;
}
```

几点说明：

（1）将函数头中的指针形参改写为数组形式，只是为了直观。从本质上来说，数组形参仍然是指针变量，因此不必在方括号中指定数组形参的长度。

（2）在被调函数头中定义的数组可以称为形参数组。在本质上形参数组与实参数组是同一个数组。这是因为形参数组的元素 p[i]，等同于*（p+i）；而*（p+i）又是实参数组元素 a[i] 的间接引用形式；从而 p[i] 表示的数组元素就是 a[i]。因此，对形参数组的操作，就是对实参数组的操作。

（3）因为形参数组名本质上是指针变量，故可以对形参数组名进行赋值。例如，在上述数组形式的被调函数中，语句 p++;是正确的。

【例 10.5】 在主函数中输入 10 个数并存入一个一维数组中，然后在被调函数中将主调函数中的数组内容前后倒置。

编程思路：

（1）欲在被调函数中改变主调函数中数组元素的值，必须能够在被调函数中间接引用主调函数中的数组元素。

（2）可在主调函数中以数组名 a 和数组长度作为实参，并在被调函数中以指针变量 r 和整型变量 n 作为相应的形参。

（3）在参数传递之后，在被调函数中就可以用*（r+i）和*（r+j）来间接引用数组元素 a[i] 和 a[j]。

（4）假设实参数组 a 中有 n 个元素，要实现前后倒置，就是将 a[0] 与 a[n-1] 的值互换，再将 a[1] 与 a[n-2] 互换，……，直到将 a[n/2-1] 与 a[（n+1）/2] 互换，如图 10.3 所示。

图 10.3　一维数组的倒置

算法设计：

（1）定义两个整型变量 i 和 j，分别存储相交换的两个数组元素的下标值。

（2）令 i=0、j=n−1。

（3）若 i < j，则循环执行第（4）和第（5）步；否则，结束循环。

（4）将 a[i]与 a[j]的值相交换。

（5）令 i++、j−−。

源程序：

```c
#include <stdio.h>
void inv(int *r,int n)
{
 int i,j,t;
 for(i=0,j=n-1;i<j;i++,j--)
   {
    t=*(r+i);
    *(r+i)=*(r+j);
    *(r+j)=t;
   }
 return;
}
int main(void)
{
 int a[10],i;
 printf("请输入10个整数：\n");
 for(i=0;i<=9;i++)
   scanf("%d",&a[i]);
 printf("原数组：\n");
 for(i=0;i<10;i++)
   printf("%d ",a[i]);
 printf("\n");
 inv(a,10);
 printf("倒置后数组:\n");
 for(i=0;i<10;i++)
   printf("%d ",a[i]);
 printf("\n");
 return 0;
}
```

由于指针引用形式的*（r+i）也可以表示为数组元素形式的 r[i]，为了使得被调函数更为直观，可以将被调函数中的指针引用形式（包括函数头中的指针形参）改写为数组形式。

数组形式的被调函数：

```c
void inv(int r[],int n)
{
 int i,j,t;
 for(i=0,j=n-1;i<j;i++,j--)
   {
```

```
         t=r[i];
         r[i]= r[j];
         r[j]=t;
      }
   return;
}
```

【例 10.6】 在主函数中输入两个字符串,然后在被调函数中将这两个字符串连接为一个字符串。限定不能调用字符串连接库函数 strcat。

编程思路:

(1)由于主函数中的两个字符串存储于字符数组中,要在被调函数中处理两个字符串,必须以字符数组名作为实参,以字符指针变量作为形参。

(2)由于字符串的末尾都有一个空字符结束标记,故不需要将两个字符串的长度作为实参传递到被调函数中。

(3)欲实现两个字符串的连接,只需先找到第一个字符串中空字符'\0'的位置,这个位置就是存储第二个字符串的起始位置。

(4)再将第二个字符串中的字符逐个复制到第一个字符串之后,最后添加上'\0'即可,如图 10.4 所示。

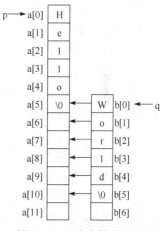

图 10.4 两个字符串连接

算法设计:

(1)在主函数中,输入两个字符串并存入两个字符数组中。

(2)将主函数中两个字符数组的首地址传递给被调函数中的两个字符指针形参。

(3)通过第一个指针形参找到第一个字符串中'\0'的位置。

(4)将第二个指针形参所指向的字符串中的字符,逐个复制到第一个字符串的末尾,直至遇到'\0'.

源程序:

```
#include <stdio.h>
void scat(char *p,char *q)    /* p指向第一个字符串, q指向第二个字符串*/
{
 while(*p!= '\0')
   p++;                       /*找到第一个字符串中'\0'的位置*/
 while(*q!= '\0')
   {
    *p=*q;                    /*将第二个字符串中的字符复制到第一个字符串末尾*/
    p++;
    q++;
   }
 *p='\0';                     /*在新字符串末尾添加'\0' */
}
int main(void)
{
 char a[200],b[200];
```

```
    printf("请输入两个字符串: \n");
    gets(a);
    gets(b);
    scat(a,b);
    printf("合并后的字符串是: \n");
    puts(a);
    return 0;
}
```

10.2.2 二维数组名作函数参数

若想在被调函数中，对主调函数中的某个二维数组的元素进行间接引用，则必须将该二维数组的元素地址传递到被调函数中。

为了能够在被调函数中获得二维数组所有元素的地址，可以将二维数组的数组名（二维数组的首行地址）作为实参传递到被调函数中。因为二维数组的数组名本质上是一个行指针，所以被调函数中对应的形参应该是一个行指针变量。由于在行指针中只包含了二维数组中每行的长度（列数）信息，而并未包含行数信息，所以通常需要设置另一个参数用来传递二维数组的行数。

【例 10.7】 在主函数中输入一个二维数组，然后在被调函数中求出每一行的平均值，最后在主函数中输出结果。

编程思路：

（1）欲在被调函数中引用二维数组的元素，必须将主函数中二维数组的首行地址传递到被调函数中。

（2）在主函数中，以二维数组名与二维数组的行数作为实参；在被调函数中，以行指针变量 x 与整型变量 m 作为形参。

（3）由于需要将被调函数中求得的平均值传回到主函数中的一维数组中，所以在主函数中增加一个一维数组名作为实参，而在被调函数中相应地增加一个一维数组形参。

源程序：

```
#include <stdio.h>
#define M 5
#define N 6
void aver(float (*x)[N],float a[],int m);
int main(void)
{float g[M][N],avg[M];
 int i,j;
 for(i=0;i<M;i++)                /*行优先次序，外循环控制行号，内循环控制列号*/
   {printf("请输入第%d行%d列元素的值: \n",i,N);
    for(j=0;j<N;j++)
       scanf("%f",&g[i][j]);
   }
 aver(g,avg,M);
 for(i=0;i<M;i++)
    printf("第%d行的平均值: %f\n",i,avg[i]);
 return 0;
}
```

```
void aver(float (*x)[N],float a[],int m)
{int i,j;
 for(i=0;i<m;i++)
   {a[i]=0;                        /*a[i]先用于存放第 i 行的总和*/
    for(j=0;j<N;j++)
     a[i]=a[i]+*(*(x+i)+j);       /*累加第 i 行所有元素*/
    a[i]=a[i]/N;                   /*a[i]后用于存放第 i 行的平均值*/
   }
 return;
}
```

为了使得程序更加直观,C 语言允许将被调函数中指针引用形式的*(*(x+i)+j)表示为数组元素形式的 x[i][j]。同时,允许将函数头中的行指针形参 float (*x)[N]表示为二维数组形式的 float x[][N]。

由此得到数组形式的被调函数:

```
void aver(float x[][N],float a[],int m)
{int i,j;
 for(i=0;i<m;i++)
   {a[i]=0;                        /*a[i]先用于存放第 i 行的总和*/
    for(j=0;j<N;j++)
     a[i]=a[i]+x[i][j];           /*累加第 i 行所有元素*/
    a[i]=a[i]/N;                   /*a[i]后用于存放第 i 行的平均值*/
   }
 return;
}
```

需要注意,将函数头中的行指针形参改写为二维数组的形式,只是为了直观。从本质上来说,二维数组形参仍然是行指针变量,因此不必在方括号中指定二维数组形参的行数,但是必须明确指定它的列数。

【例 10.8】 在主函数中输入若干名学生的姓名及成绩,然后在被调函数中实现按照成绩降序排序。

编程思路:

(1)在主函数中,定义两个长度相同、相互关联的数组分别存储学生的姓名及成绩。

(2)在主函数中,以两个数组的数组名及数组长度作为实参;在被调函数中,以相应类型的数组及整型变量作为形参。

源程序:

```
#include <stdio.h>
#define N 6
void sort(char w[][9],float m[],int n)
{
 int i,j;
 float t;
 for(i=0;i<=n-2;i++)
   for(j=i+1;j<=n-1;j++)
    {
     if(m[i]<m[j])
       {
```

```
        t=m[i];
        m[i]=m[j];
        m[j]=t;                  /*交换两个成绩*/
        }
    }
  return;
}
int main(void)
{
char name[N][9];
float score[N];
int i;
printf("请依次输入%d名学生的姓名与成绩:\n",N);
for(i=0;i<N;i++)
  {
   scanf("%s",name[i]);
   scanf("%f",&score[i]);
  }
  sort(name,score,N);              /*调用被调函数sort*/
  printf("排序之后的结果:\n");
  for(i=0;i<N;i++)
    {
     printf("%s:",name[i]);
     printf("%.1f\n",score[i]);
    }
  return 0;
}
```

运行该程序时，发现存在一个问题，就是成绩确实已经按照降序排序，但是姓名与成绩的对应关系却被打乱了。这是因为在排序部分的双重循环中，当 if 条件为真时，只交换了两个成绩的值，而并未交换两个姓名的值，从而导致对应关系错乱。

更正之后的源程序如下：

```
#include <stdio.h>
#include <string.h>
#define N 6
void sort(char w[][9],float m[],int n)
{
 int i,j;
 char s[9];
 float t;
 for(i=0;i<=n-2;i++)
  for(j=i+1;j<=n-1;j++)
    {
     if(m[i]<m[j])
       {
        t=m[i];
        m[i]=m[j];
```

C
语
言
程
序
设
计
新
思
路

```
      m[j]=t;                        /*交换两个成绩*/
      strcpy(s,w[i]);
      strcpy(w[i],w[j]);
      strcpy(w[j],s);                /*交换两个姓名*/
      }
    }
  return;
}
int main(void)
{
char name[N][9];
float score[N];
int i;
printf("请依次输入%d名学生的姓名与成绩:\n",N);
for(i=0;i<N;i++)
  {
   scanf("%s",name[i]);
   scanf("%f",&score[i]);
  }
sort(name,score,N);
printf("排序之后的结果:\n");
for(i=0;i<N;i++)
  {
   printf("%s:",name[i]);
   printf("%.1f\n",score[i]);
  }
return 0;
}
```

10.3 拓展：指针型函数和指向函数的指针

10.3.1 指针型函数

在 C 语言中，一个函数的返回值也可以是一个指针，这种返回指针值的函数称为指针型函数。

定义指针型函数的一般形式为

```
类型说明符 *函数名(形参表)
函数体
```

此处出现在函数名之前的 "*" 表明这是一个指针型函数，即返回值是一个指针。

例如：

```
int *f(int x,int y)
{
  ……        /*函数体*/
}
```

则 f 是一个指针型函数，其返回值是一个指向 int 型的指针。

【例 10.9】 编写一个从字符串中截取子串的函数，要求其返回值为子串的首地址。

编程思路：

要截取子串，需提供源字符串、子串起始位置和子串长度，在主函数中可以将这三项信息作为实参传递到被调函数中。

算法设计：

（1）在被调函数中，首先从源字符串中找到子串的起始位置。

（2）从该位置开始，将源字符串中的字符逐个复制到存放子串的字符数组中，直至达到子串长度后添加'\0'。

（3）返回存放子串的字符数组名（子串的首地址）。

源程序：

```c
#include <stdio.h>
#include <string.h>
char *subs(char *p,int n,int k)
{
 static char a[80];              /*必须定义为静态数组*/
 int i;
 p=p+n;                         /*找到子串的起始位置*/
 for(i=0;i<k;i++)
   {
    a[i]=*p;
    p++;
   }
 a[i]='\0';
 return a;
}
int main(void)
{
  char s[80];
  int m,h;
  printf("请输入源字符串: ");
  gets(s);
  printf("请输入子串起始位置: ");
  scanf("%d",&m);
  printf("请输入子串长度: ");
  scanf("%d",&h);
  printf("截取的子串是: ");
  puts(subs(s,m,h));
  return 0;
}
```

需要注意，指针型函数只可以返回全局变量或数组、静态局部变量或数组以及在其主调函数中定义的变量或数组的地址，因为这些变量或数组在当前的被调函数返回之后依然存在。而不能返回在当前函数中定义的自动存储类别的变量或数组的地址，因为这种变量或数组的存储空间将在当前函数返回时被释放，从而该地址指向未分配的内存空间。例如，若将上述程序中数组 a 的定义改为 char a[80];，则该程序编译时将会产生函数返回局部变量地址的警告信息。其原因是被调函数中定义的数组 a 属于自动存储类别，其存储空间将在函数返回时被释放。

10.3.2　指向函数的指针

在 C 语言中，不但可以定义指向变量或数组的指针，还可以定义指向函数的指针，因为一个函数的代码也是存储在一段连续的内存空间中的。

为了使用方便，C 语言规定可以用一个函数的函数名来代表该函数所占内存空间的首地址。

定义指向函数的指针变量的一般形式为

```
类型说明符(*变量名)(形参类型表);
```

其中，类型说明符是所指向函数的返回值类型，而最后的一对圆括号及形参类型表则表示该指针变量指向一个函数。

例如：

```
int (*p)(int,int);
```

该语句定义了一个指向函数的指针变量 p，被指向的函数必须有两个 int 型的形参并且返回值是 int 型。

【例 10.10】　用指向函数的指针变量实现函数调用。

源程序：

```
#include <stdio.h>
int max(int a,int b)
{
  int m;
  if (a>b)
    m=a;
  else
    m=b;
  return m;
}
int main(void)
{
  int (*pmax)(int,int);        //pmax 是指向函数的指针
  int x,y,z;
  pmax=max;                    //使指针 pmax 指向函数 max
  printf("请输入两个整数: ");
  scanf("%d%d",&x,&y);
  z=(*pmax)(x,y);              //用函数指针 pmax 间接调用函数 max
  printf("最大值=%d\n",z);
  return 0;
}
```

需要注意，指向函数的指针变量名也可以直接作为函数名使用。因此，例 10.10 中的语句 z=（*pmax）(x,y);也可以写作 z=pmax（x,y）;。那么，通过指向函数的指针来调用函数有什么优势呢？其实，其主要优势在于指向函数的指针可以用作其他函数的参数，下面来看一个这方面应用的示例。

【例 10.11】 编写程序用梯形法求函数 $\sin x$ 在区间$[a, b]$上的定积分。

编程思路：

（1）根据定积分的几何意义，函数 $f(x)$ 在区间$[a, b]$上的定积分，等于该函数曲线与 x 轴及直线 $x=a$、$x=b$ 所包围的曲边梯形的面积；并且位于 x 轴上方部分的面积为正值，位于 x 轴下方部分的面积为负值，如图 10.5 所示。

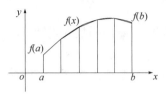

图 10.5 梯形法求定积分

（2）欲求该曲边梯形的面积，可以用一组平行于 y 轴的直线将线段 ab 划分为 n 等份，从而得到 n 个高度为 $h=(b-a)/n$ 的小曲边梯形。

（3）第 1 个小曲边梯形的上底与下底长度分别为 $f(a)$、$f(a+h)$；第 2 个小曲边梯形的上底与下底长度分别为 $f(a+h)$、$f(a+2h)$；以此类推。

（4）用梯形面积公式分别求出每个小曲边梯形的面积近似值。

（5）所有小曲边梯形的面积近似值之和就是大曲边梯形的面积近似值，也就是该定积分的近似值。

源程序之一：

```
#include <stdio.h>
#include <math.h>
#define FUN sin
double integ(double (*p)(double),double a,double b)
{double s,x1,x2,h;
 int n=1000000,i;
 h=fabs(b-a)/n;
 s=0;
 for(i=0;i<=n-1;i++)
    {x1=a+i*h;
     x2=a+(i+1)*h;
     s=s+(*p)(x1)+(*p)(x2);
    }
 s=s*h/2;
 return s;
}
int main(void)
{double s,a,b;
 printf("请输入定积分的下限与上限: \n");
 scanf("%lf%lf",&a,&b);
 s=integ(FUN,a,b);
 printf("s=%.20f\n",s);
 return 0;
}
```

源程序之二：

```
#include <stdio.h>
#include <math.h>
#define FUN sin
```

```
double integ(double (*p)(double),double a,double b)
{double s,x,h;
 int n=1000000,i;
 h=fabs(b-a)/n;
 s=((*p)(a)+(*p)(b))/2;
 for(i=1;i<=n-1;i++)
   {x=a+i*h;
    s=s+(*p)(x);
   }
 s=s*h;
 return s;
}
int main(void)
{double s,a,b;
 printf("请输入定积分的下限与上限：\n");
 scanf("%lf%lf",&a,&b);
 s=integ(FUN,a,b);
 printf("s=%.20f\n",s);
 return 0;
}
```

要注意区分指向函数的指针和指针型函数在形式和含义上的不同。

（1）int（*p）（）;定义了一个指向函数的指针变量 p，被指向函数的返回值必须为 int 型。此处，(*p) 两边的括号不可少。

（2）int *p（）;定义了一个返回值为 int 型指针的函数，即 p 是一个指针型函数，*p 的两边无括号。

10.4　函数的递归调用

当定义某一个事物时，又直接或间接地引用了该事物本身，这样的定义方式称为递归定义。例如，将 n 的阶乘定义为 n−1 的阶乘乘以 n，就是一个递归定义。同样地，如果在定义一个函数时，又直接或间接地调用了该函数自身，这样的函数称为递归函数。那么这个递归定义会不会是一个无限循环呢？不会。因为 n!=n*（n−1）!=n*（n−1）*（n−2）!=…=n*（n−1）*（n−2）*…*1!，而 1!等于 1。

可见，递归的思想就是将一个复杂的问题 P_0 转化为类似而更简单的问题 P_1，再将 P_1 转化为类似而更简单的问题 P_2，以此类推，直到得到的问题 P_n 足够简单，可以立即求得解为止。然后再反向推出 P_{n-1}，P_{n-2}，…，P_1，P_0 的解。

下面就来看一个具体的函数递归调用问题。

【例 10.12】　首先编写用递归法求阶乘的函数，然后在主函数中调用它。

编程思路：

根据阶乘的递归定义 n！=n*（n−1）!，可以得到求 n!的递归函数的编程思路如下：

（1）将求 n!的函数首部定义为 float fact（int n）。

（2）若 n 的值为 1，则可以直接求得其阶乘为 1。

（3）否则，可以先求出 n−1 的阶乘，再乘上 n，即得 n 的阶乘；而 n−1 的阶乘可以通过以 n-1 作为实参调用函数 fact 本身来求得，即 n 的阶乘等于 fact（n-1）*n。

由此可以得出如下递归函数及相应的主函数。

源程序：

```
#include <stdio.h>
float fact(int n)
{
 float f;
 if(n==1)
   f=1;
 else
   f= n*fact(n-1);
 return(f);
}
int main(void)
{
 float y;
 int m;
 printf("请输入一个正整数: ");
 scanf("%d",&m);
 y=fact(m);
 printf("%d!=%.0f\n",m,y);
 return 0;
}
```

该程序真的能求出 m 的阶乘吗？其中递归函数的调用与返回过程是怎样的呢？下面就以 m 取值 3 为例来进行分析。为便于分析，将其中的被调函数重写了三遍。

主函数：

```
int main(void)
{
 float y;
 int m;
 printf("请输入一个正整数: ");
 scanf("%d",&m);
 y=fact(m);
 printf("%d!=%.0f\n",m,y);
 return 0;
}
fact 函数的第一次调用：
float fact(int n)
{
 float f;
 if(n==1)
   f=1;
 else
   f= n*fact(n-1);
 return(f);
}
```

```
fact 函数的第二次调用:
float fact(int n)
{
 float f;
 if(n==1)
   f=1;
 else
   f= n*fact(n-1);
 return(f);
}
```
fact 函数的第三次调用:
```
float fact(int n)
{
 float f;
 if(n==1)
   f=1;
 else
   f= n*fact(n-1);
 return(f);
}
```

该程序从主函数开始执行，假定输入 m 的值为 3。当执行到 y=fact（m）;时，转入 fact 函数的第一次调用。将实参 3 赋给形参 n，再执行函数体中 if 语句的 else 子句 f=3*fact（2）;。此时产生 fact 函数的第二次调用。将实参 2 赋给形参 n，再执行函数体中 if 语句的 else 子句 f=2*fact（1）;。此时产生 fact 函数的第三次调用。将实参 1 赋给形参 n，再执行函数体中 if 语句的 if 子句 f=1;。然后执行 return(f);将第三次调用的返回值传回到第二次调用中，作为 fact（1）的函数值。进而求出第二次调用的 f 值为 2。然后执行 return（f）;将第二次调用的返回值传回到第一次调用中，作为 fact（2）的函数值。进而求出第一次调用的 f 值为 6。然后执行 return（f）;将第一次调用的返回值传回到主函数中，作为 fact（3）的函数值。至此完成 fact 函数的递归调用过程。

可以看出，函数的调用次序是 main（）→fact（3）→fact（2）→fact（1），而函数的返回次序则是 fact（1）→fact（2）→fact（3）→main（）。

从递归程序的执行过程可以发现，递归程序的执行效率并不高。但是，有的问题特别适合用递归方法编程，有的问题甚至只能用递归方法编程，这就是递归程序存在的理由。

【例 10.13】 用递归法求出斐波那契数列的前 40 项。

问题分析:

斐波那契数列的变化规律是 fib（1）=1，fib（2）=1，fib（n）=fib（n−2）+fib（n−1）。可见，该问题适合采用递归的方法编写程序求解。

由上述规律可得到求斐波那契数列第 n 项的递归函数的编程思路如下:

（1）定义求斐波那契数列第 n 项的函数首部为 long fib（int n）。

（2）如果 n 的值为 1 或 2，则该函数值为 1；否则，该函数值就可以表示为 fib（n-2）+fib（n-1）;。其中的 fib（n-2）与 fib（n-1），分别是以 n−2 与 n−1 为实参对 fib 函数的递归调用，故其函数值分别为斐波那契数列的第 n−2 项与第 n−1 项。

由此可以得出如下递归函数及相应的主函数。

源程序：

```c
#include <stdio.h>
long fib(int n)
{
 long f;
 if(n==1||n==2)
   f=1;
 else
   f=fib(n-2)+fib(n-1);
 return(f);
}
int main(void)
{
 int i;
 for(i=1;i<=40;i++)
   printf("%16ld",fib(i));
 return 0;
}
```

运行该程序时，将会发现后面几项的输出速度明显变慢。请你计算一下，在求第 40 项时，总共进行了多少次递归调用。

第 11 章　编译预处理命令

　　编译预处理是指 C 语言的编译系统在对源程序进行编译之前，将首先调用预处理器对源程序中的预处理命令进行处理，然后对处理后的程序进行编译，从而生成目标程序。

　　由于编译预处理命令不属于 C 语言的语句，故在命令的末尾不能添加分号。预处理命令通常写在程序文件的开始部分，并位于函数体的外部。一条预处理命令必须单独占一行，而且在 "#" 之前不能有任何非空白字符。

　　例如：

```
#include <stdio.h>
#define  PI 3.1415926
```

　　合理地使用编译预处理命令，可以改善程序的可读性、可维护性和可移植性，也有利于程序的模块化。

11.1　宏定义命令

　　宏就是在 C 语言程序中定义的、用于代表一段反复引用的文本的标识符。一般来说，宏的名字比它所代表的文本更直观、简洁，因而可以增强程序的可读性与可维护性。

11.1.1　不带参数的宏定义

　　不带参数的宏定义的一般形式为

```
#define 宏名 替换文本
```

其中，宏名必须是标识符，为了醒目习惯上用大写字母表示；替换文本是任意的字符序列，但不需要用双引号括起来。

　　一旦定义了了宏，就可以在程序中使用宏名来代表替换文本。而当系统进行预处理时，会用替换文本替换程序中的所有宏名（字符串内部的宏名除外），这个过程称为宏替换或宏展开。

　　不带参数的宏定义最常见的用法是定义符号常量。

　　【例 11.1】　不带参数的宏定义。

```
#include <stdio.h>
#define  PI 3.14159
int main(void)
{
float  r,s,v;
printf("请输入球体的半径：");
scanf("%f",&r);
s=4*PI*r*r;
v=4.0/3*PI*r*r*r;
printf("表面积=%f,体积=%f\n",s,v);
```

```
  return 0;
}
```

几点说明：

（1）在定义新的宏名时，可以引用已定义的宏名。

【例 11.2】　不带参数的宏定义。

```
#include <stdio.h>
#define  X  10
#define  Y  X+6
int main(void)
{
  int w;
  w=3*Y;
  printf("w=%d\n",w);
  return 0;
}
```

程序运行结果：

```
w=36
```

这个结果看起来有些不可思议，而这恰恰是宏替换的特点所在。这是一种机械死板的替换，不允许在替换文本中随意地添加括号或其他字符。

在该程序中宏替换的过程为

w=3*Y → 3*X+6 → 3*10+6 → 36

（2）宏名的作用域是从定义处开始直至当前源程序文件的末尾。不过，可以使用 undef 命令终止其作用域。

undef 命令的一般形式为

```
#undef 宏名
```

例如：

```
#define PI 3.14159
int main(void)
{
  ......
}
#undef PI
int f(void)
{
  ......
}
```

此时，宏名 PI 只在 define 与 undef 之间有效。

11.1.2　带参数的宏定义

带参数的宏定义的一般形式为

```
#define  宏名(形参表)  替换文本
```

例如：

```
#define  S(x,y)  x*y
```

带参数的宏的用法与函数调用非常相似，一旦定义就可以在程序中调用它。其调用的

一般形式为

宏名(实参表)

在编译预处理时,首先将源程序中所有带参数的宏调用,替换为宏定义中的替换文本;然后将替换文本中的形参替换为宏调用中的实参。

【例 11.3】 带参数的宏的定义及调用。

```
#include <stdio.h>
#define S(x,y) x*y
int main(void)
{
 int a,b,c;
 a=20;
 b=10;
 c=S(a+b,a-b);
 printf("c=%d\n",c);
 return 0;
}
```

程序运行结果:

c=210

可以发现,该程序的运行结果与一般预期不一致。这是因为宏替换是一种机械死板的替换,不允许在替换文本中随意地添加括号或其他字符。

该程序中宏调用的替换过程为

S(a+b,a-b)→x*y→a+b*a-b→20+10*20-10→210

为了使得宏调用的替换结果与一般预期一致,应当将宏定义中每个形参及整个替换文本分别用圆括号括起来。

【例 11.4】 带参数的宏的定义及调用。

```
#include <stdio.h>
#define S(x,y) ((x)*(y))
int main(void)
{
 int a,b,c;
 a=20;
 b=10;
 c=S(a+b,a-b);
 printf("c=%d\n",c);
 return 0;
}
```

程序运行结果:

c=300

该程序中宏调用的替换过程为

S(a+b,a-b) → ((x)*(y)) → ((a+b)*(a-b)) → ((20+10)*(20-10))→300

11.2 文件包含命令

文件包含就是允许在一个源程序文件中嵌入另一个源程序文件的内容,以此提高代码的复用性。被包含文件的内容通常是一些公用的宏定义、函数原型的声明等。

文件包含命令的一般形式如下：

```
#include <文件名>
```

或者

```
#include "文件名"
```

其中，被包含文件的扩展名一般为 h（含意为头文件），也可以是扩展名为 c 的源程序文件。一条 include 命令只能指定一个被包含文件。

那么，这两种格式有什么区别呢？在 include 命令中使用尖括号时，将只在系统指定的目录中查找被包含文件。当使用双引号时，将首先在当前目录中查找被包含文件；若找不到，再到系统指定的目录中去查找。因此，尖括号格式适用于系统定义的头文件；双引号格式适用于用户定义的包含文件。

在编译预处理时，将会用被包含文件的源代码取代该条文件包含命令。

【例 11.5】 编写求圆的面积的被调函数以及调用它求圆环面积的主函数。要求将两个函数分别保存到两个程序文件中，并利用文件包含命令，实现两个程序文件的连接。

prg2.c 源程序：

```
float area(float r)
{
 float s;
 s=3.14159*r*r;
 return s;
}
prg1.c 源程序：
#include <stdio.h>
#include "prg2.c"
int main(void)
{
 float r1,r2,s1,s2,s0;
 printf("请输入圆环的外圆半径和内圆半径: ");
 scanf("%f%f",&r1,&r2);
 s1=area(r1);
 s2=area(r2);
 s0=s1-s2;
 printf("圆环面积=%f\n",s0);
 return 0;
}
```

该程序如何编译运行呢？可以首先创建一个空的 C 语言项目，然后将 prg1.c 添加到项目中；但不需要将 prg2.c 添加到项目中，只需将 prg2.c 置于 prg1.c 所在的目录中即可。

在编译预处理时，将会删除文件 prg1.c 中的#include "prg2.c"这条命令，而代之以文件 prg2.c 的源代码。可见，在对程序进行编译之前，两个文件已经合并成一个文件。

11.3 拓展：条件编译

在一般情况下，C 语言源程序中的所有语句都要进行编译。若希望当满足某个条件时只编译程序中的一部分程序段,不满足时编译另一部分程序段,则可以采用条件编译方式。条件编译可以使得同一个源程序在不同的条件下产生不同的目标代码,从而缩短目标代码的长度,减少内存的开销,并提高程序的运行效率。这对于较大型程序的调试和移植是非常有效的。

条件编译通常有以下三种形式:

1. #if 指令

格式:

```
#if 常量表达式
   程序段 1
[#else
   程序段 2]
#endif
```

其功能是,若常量表达式的值为非 0,则对程序段 1 进行编译;否则,对程序段 2 进行编译。

在调试程序时,通常需要在程序中输出中间变量的结果。而在调试成功之后,则需要删除这些语句。利用#if命令,可以非常方便地控制在编译时保留或者删除这些输出中间结果的语句。

【例 11.6】 已知地球的赤道半径为 6377.830km,并已知赤道上任意两点的经度值,编写程序计算这两点之间的球面距离。要求利用#if 命令控制条件编译。

源程序:

```
#define  DEBUG 1
#include <stdio.h>
#include <math.h>
#define  PI 3.14159
int main(void)
{double r,a,b,t,arc;
 r=6377.830;
 printf("请输入两个经度值(单位为度、以空格分隔): ");
 scanf("%lf%lf",&a,&b);
 t=fabs(a-b);
#if DEBUG
 printf("第一个 t=%f\n",t);
#endif
 if(t>180)
   t=360-t;     /*将优角转化为劣角*/
#if DEBUG
 printf("第二个 t=%f\n",t);
#endif
 t=t/180*PI;
#if DEBUG
 printf("第三个 t=%f\n",t);
#endif
 arc=t*r;
```

```
    printf("两点之间的球面距离=%f 千米\n",arc);
    return 0;
}
```

在对该程序进行调试时，将 DEBUG 定义为 1，则该程序被编译时将保留#if 与#endif 之间的所有语句。在该程序调试成功之后，将 DEBUG 定义为 0，则该程序被编译时将删除#if 与#endif 之间的所有语句。

2. #ifdef 命令

格式：

```
#ifdef 标识符
  程序段 1
[#else
  程序段 2]
#endif
```

其功能是若在该程序文件中已经用#define 命令定义过这个宏名，则对程序段 1 进行编译；否则，对程序段 2 进行编译。

【例 11.7】 已知地球的赤道半径为 6377.830km，并已知赤道上任意两点的经度值，编写程序计算这两点之间的球面距离。要求利用#ifdef 命令控制条件编译。

源程序：

```
#define DEBUG
#include <stdio.h>
#include <math.h>
#define  PI 3.14159
int main(void)
{double r,a,b,t,arc;
 r=6377.830;
 printf("请输入两个经度值(单位为度、以空格分隔)：");
 scanf("%lf%lf",&a,&b);
 t=fabs(a-b);
 #ifdef DEBUG
 printf("第一个 t=%f\n",t);
 #endif
 if(t>180)
   t=360-t;     /*将优角转化为劣角*/
 #ifdef DEBUG
 printf("第二个 t=%f\n",t);
 #endif
 t=t/180*PI;
 #ifdef DEBUG
 printf("第三个 t=%f\n",t);
 #endif
 arc=t*r;
 printf("两点之间的球面距离=%f 千米\n",arc);
 return 0;
}
```

在使用#ifdef命令时，只测试指定的宏名是否已定义，宏名的替换文本则无关紧要。

3. #ifndef命令

格式：

```
#ifndef 标识符
    程序段1
[#else
    程序段2]
#endif
```

其功能是，若在该程序文件中未用#define命令定义过该宏名，则对程序段1进行编译；否则，对程序段2进行编译。可见，#ifndef命令与#ifdef命令的条件正好相反。

第 12 章　结构体与共用体

12.1　结构体变量与结构体类型

假如有一名学生的姓名、年龄、成绩三项数据，如何在 C 语言程序中存储呢？当然，可以像下面这样定义三个相互独立的变量（或数组）来存储。

```
char name[12];        /*用一维字符数组存储一个姓名*/
unsigned short age;
float score;
```

但是，这算不上好的解决方案。因为这种存储方式难以体现数据之间的关联性。其实，对这类数据更好的存储方式是采用结构体变量。结构体是一组相关变量（或数组）的集合，而且这组变量（或数组）的类型可以互不相同。构成结构体的变量（或数组）称为结构体的成员。

12.1.1　结构体变量的定义

当定义结构体变量时，需要具体说明该结构体包括哪些成员以及每个成员的名字和类型。

定义结构体变量的一般形式为

```
struct
{ 类型说明符   成员名1;
  类型说明符   成员名2;
  ……
  类型说明符   成员名n;
} 变量名表;
```

其中，struct 是用于定义结构体的关键字。

例如：

```
struct
{ char num[10];
  char name[20];
  char sex[3];
  int age;
  float score;
  char addr[30];
} st1,st2;
```

其中，

```
struct
{ char num[10];
  char name[20];
  char sex[3];
  int age;
  float score;
  char addr[30];
}
```

是一个未命名的结构体类型，而 st1、st2 则是这种结构体类型的两个变量。

结构体变量在内存中是如何存储的呢？编译系统将会按照成员的定义顺序，依次分配存储空间，结构体变量所占用的内存容量就等于各成员所占内存容量之和。例如，结构体变量 st1、st2 的存储结构如图 12.1 所示。

num	10B
name	20B
sex	3B
age	4B
score	4B
addr	30B

图 12.1 结构体变量的存储结构

12.1.2 结构体类型标识符的定义

为了便于在程序中的不同位置引用同一种结构体类型，可以定义一个标识符来代表这种结构体类型。既可以在定义结构体变量的同时定义结构体类型标识符，也可以先定义结构体类型标识符，再定义结构体变量。

（1）在定义结构体变量的同时定义结构体类型标识符。

其一般形式为

```
struct  结构体类型标识符
{ 类型说明符  成员名 1;
  类型说明符  成员名 2;
  ……
  类型说明符  成员名 n;
} 变量名表;
```

例如：

```
struct student
{ char num[10];
  char name[20];
  char sex[3];
  int age;
  float score;
  char addr[30];
} st1,st2;
```

此处的 student 就是一种结构体类型标识符。

（2）先定义结构体类型标识符，再定义结构体变量。

其一般形式为

```
struct  结构体类型标识符
{ 类型说明符  成员名 1;
  类型说明符  成员名 2;
  ……
  类型说明符  成员名 n;
};
struct  结构体类型标识符 变量名表;
```

例如：

```
struct student
{ char num[10];
  char name[20];
  char sex[3];
  int age;
  float score;
  char addr[30];
```

第 12 章 结构体与共用体

```
};
struct student st1,st2;
```

可以发现，以上两种方式中第二种定义方式更加灵活方便。

两点说明：

（1）只能将"struct 结构体类型标识符"作为类型说明符使用，而不能将"结构体类型标识符"直接作为类型说明符使用。例如，不能将 struct student st1,st2;简写为 student st1,st2;。

（2）一个结构体的成员除了可以是变量、数组之外，还可以是另一个结构体，即结构体可以嵌套定义。

例如：

```
struct date
{
  int year;
  int month;
  int day;
};
struct person
{
  char num[18];
  char name[20];
  struct date birthday;
} per1,per2;
```

也可以按如下形式进行定义：

```
struct person
{
  char num[18];
  char name[20];
  struct date
  {
    int year;
    int month;
    int day;
  } birthday;
} per1,per2;
```

num	name	birthday		
		year	month	day

图 12.2　结构体的嵌套

此处的结构体类型 person 的成员 birthday 也是一个结构体。结构体变量 per1、per2 的逻辑结构如图 12.2 所示。

12.1.3　用 typedef 定义类型别名

C 语言允许用户使用 typedef 为已经存在的数据类型定义一个类型别名。其一般形式为

```
typedef  类型说明符  类型别名;
```

其中，类型说明符既可以是 C 语言标准定义的类型说明符（如 int、char、float、double 等），也可以是用户定义的类型说明符；类型别名习惯上用大写字母表示，以示区别。

例如：

```
typedef  unsigned int  UINT;
```

把 UINT 定义为 unsigned int 类型的别名，此后 UINT 将等效于 unsigned int。
例如：

```
UINT a,b;
```
等效于
```
unsigned int a,b;
```

可以利用 typedef 为结构体类型、共用体类型和枚举类型定义别名，从而简化代码，增强程序的可读性。
例如：

```
typedef struct
{
  char num[10];
  char name[20];
  char sex[3];
} STU;
```
为未命名的结构体类型定义类型别名 STU，则
```
STU  stu1,stu2;
```
将等效于
```
struct
{
  char num[10];
  char name[20];
  char sex[3];
}  stu1,stu2;
```
又如：
```
typedef struct student
{
  char num[10];
  char name[20];
  char sex[3];
} STU;
```
为结构体类型 struct student 定义类型别名 STU，则
```
STU  stu1,stu2;
```
将等效于
```
struct  student  stu1,stu2;
```

12.2　结构体变量的初始化和引用

在定义结构体变量之后，如何将数据存入结构体变量中，又如何引用结构体中的数据呢？

1. 结构体变量的初始化

将数据存入结构体变量中最简单的方法，就是在定义结构体变量的同时进行赋值，即结构体变量的初始化。

结构体变量初始化的一般形式为

```
struct    结构体类型标识符    结构体变量={初始化数据};
```
例如：
```
struct  student
{
  char num[10];
  char name[20];
  char sex[3];
  int age;
  float score;
  char addr[30];
};
struct student st={"1001","王鹏","男",18,85,"山西"};
```
初始化数据项必须是常量或常量表达式，数据项之间用逗号间隔。C 语言编译系统将会依次把这些数据赋给对应的结构体变量的成员。

2. 结构体变量的引用

在定义结构体变量之后，如何来引用结构体变量呢？当在程序中引用结构体变量时，一般只能对结构体变量的成员进行输入、输出或运算，而不能将结构体变量作为一个整体进行输入、输出或运算（赋值运算除外）。那么，如何引用一个结构体变量的成员呢？其一般引用形式是

```
结构体变量名.成员名
```
例如：
```
st.age
```
其中，"." 称为成员运算符，是优先级最高的运算符之一。

几点说明：

（1）由于成员名不会脱离结构体变量名而单独使用，故结构体的成员名可以与程序中的其他变量名相同而互不影响。

（2）当结构体变量嵌套定义时，只能对最低一级的成员进行输入、输出或运算。

例如：
```
st1.birthday.month=12;
```
（3）对于结构体的成员可以进行哪些操作呢？这要看结构体的成员是什么类型的。因为结构体的成员在本质上也是变量或数组，所以对结构体成员的操作与同类型变量或数组的操作是相同的。

例如：
```
gets(st1.name);
st1.score=st2.score;
```
【例 12.1】　已知一名学生的各项信息如下：

```
学号：100006
姓名：张三丰
年龄：19
成绩：600
```
先将这些数据存入一个结构体变量中，再依次输出各项数据。

编程思路：

（1）定义一个结构体变量用于存储该学生的信息。

（2）通过赋值依次将各项数据存入结构体变量的成员中。

（3）依次输出结构体变量各成员的值。

源程序：

```
#include<stdio.h>
#include<string.h>
struct  student                 /*定义结构体类型标识符*/
{
  char num[10];
  char name[20];
  int age;
  float score;
};
int main(void)
{
  struct  student  st;
  strcpy(st.num,"100006");     /*不能对字符数组名 st.num 赋值*/
  strcpy(st.name,"张三丰");     /*不能对字符数组名 st.name 赋值*/
  st.age=19;
  st.score=600;
  printf("学号\t 姓名\t 年龄\t 成绩\n");
  printf("%s\t%s\t%d\t%.2f\n",st.num,st.name,st.age,st.score);
  return 0;
}
```

结构体类型标识符通常在所有函数之前定义，从而成为全局标识符。

【例 12.2】 从键盘输入一名学生的学号、姓名、年龄和成绩，并存入一个结构体变量中，然后依次输出各项数据。

编程思路：

（1）定义一个结构体变量用于存储该学生的信息。

（2）依次输入结构体变量各成员的值。

（3）依次输出结构体变量各成员的值。

源程序：

```
#include<stdio.h>
struct  student              /*定义结构体类型标识符*/
{
  char num[10];
  char name[20];
  int age;
  float score;
};
int main(void)
{
  struct  student  st;
  printf("请依次输入该学生的学号、姓名、年龄、成绩：\n");
  gets(st.num);              /*将字符串输入到字符数组中*/
```

```
gets(st.name);
scanf("%d%f",&st.age,&st.score);
printf("学号\t姓名\t年龄\t成绩\n");
printf("%s\t%s\t%d\t%.2f\n",st.num,st.name,st.age,st.score);
return 0;
}
```

【例 12.3】 将一个结构体变量的内容复制到相同类型的另一个结构体变量中。

【方法一】 逐个结构体成员复制。

由于结构体的成员在本质上是变量或者数组，可以对结构体成员的值逐个进行复制。

源程序：

```
#include <stdio.h>
#include<string.h>
struct  student
{
  char num[10];
  char name[20];
  int age;
  float score;
};
int main(void)
{
 struct  student  st1={"10006","张三丰",19,600},st2;
 strcpy(st2.num,st1.num);        /*不能对字符数组名 st2.num 赋值*/
 strcpy(st2.name,st1.name);      /*不能对字符数组名 st2.name 赋值*/
 st2.age=st1.age;
 st2.score=st1.score;
 printf("学号\t 姓名\t 年龄\t 成绩\n");
 printf("%s\t%s\t%d\t%.2f\n",st1.num,st1.name,st1.age,st1.score);
 printf("%s\t%s\t%d\t%.2f\n",st2.num,st2.name,st2.age,st2.score);
 return 0;
}
```

【方法二】 结构体变量整体复制。

其实，还有一种更简便的方法，就是将结构体变量 st1 作为一个整体，直接赋给结构体变量 st2。因为 C 语言规定，类型相同的结构体变量之间可以整体赋值。

源程序：

```
#include <stdio.h>
#include<string.h>
struct  student
{
  char num[10];
  char name[20];
  int age;
  float score;
};
int main(void)
```

```
{
  struct  student  st1={"10006","张三丰",19,600},st2;
  st2=st1;
  printf("学号\t 姓名\t 年龄\t 成绩\n");
  printf("%s\t%s\t%d\t%.2f\n",st1.num,st1.name,st1.age,st1.score);
  printf("%s\t%s\t%d\t%.2f\n",st2.num,st2.name,st2.age,st2.score);
  return 0;
}
```

由于函数之间的参数传递实际上也是一种赋值,因此可以在被调函数中直接使用结构体变量作为函数的形参,并在主调函数中使用相同类型的结构体变量作为对应的实参。

12.3 结构体数组

前面讲过,一名学生的姓名、年龄、成绩三项数据,可以用一个结构体变量来存储。那么,如果有 10 名学生的数据,又该如何存储呢? 当然,可以像下面这样定义三个相互独立的数组,分别用来存储 10 名学生的姓名、年龄和成绩。

```
char name[10][12];          /*用二维字符数组存储 10 个姓名*/
unsigned short age[10];
float score[10];
```

但是,这算不上好的解决方案。因为这种存储方式难以体现数据之间的关联性。例如,当对这 10 名学生按成绩进行排序时,对数组元素的交换既不方便又容易出错。其实,对这类数据更好的存储方式是采用结构体数组。

结构体数组就是数组中的每一个元素都是类型相同的结构体变量的数组。

1. 结构体数组的定义

结构体数组的定义方式与结构体变量的定义方式类似。既可以在定义结构体类型标识符的同时,定义结构体数组,也可以先定义结构体类型标识符,再定义结构体数组。

例如:

```
struct  student
{
  char num[10];
  char name[20];
  char sex[3];
  int age;
};
struct  student  stu[10];
```

结构体数组的元素在内存中是连续有序存放的,如图 12.3 所示。

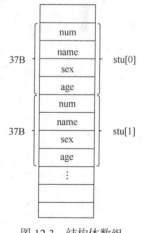

图 12.3   结构体数组

2. 结构体数组的初始化

可以在定义结构体数组的同时,对结构体数组的元素进行赋值,即初始化结构体数组。例如:

```
struct  student
```

```
    {
      char num[10];
      char name[20];
      char sex[3];
      int age;
    };
    struct  student  stu[2]={{"1001", "王鹏","男",18},{"1002", "李林","女",19}};
```
在初始化结构体数组时，也可以不指定数组的长度，系统将会根据初值的个数自动确定数组的长度。

【例 12.4 】 用结构体实现在主函数中输入若干名学生的姓名及成绩，然后在被调函数中按照成绩降序排序。

编程思路：

（1）在主函数中定义一个结构体数组，用于存储一组学生的信息。

（2）依次输入一组学生的信息，存入结构体数组中。

（3）在被调函数中，根据成绩对结构体数组元素进行降序排序。

（4）在主函数中输出排序后的学生信息。

源程序：

```
#include <stdio.h>
#define N 6
struct  student
  {
    char name[20];
    float score;
  };
void sort(struct student st[ ],int n)
{
  int i,j;
  struct student temp;
  for(i=0;i<=n-2;i++)
   for(j=i+1;j<=n-1;j++)
    {
      if(st[i].score<st[j].score)
        {
          temp=st[i];
          st[i]=st[j];
          st[j]=temp;
        }
    }
   return;
}
int main(void)
{
  struct student st[N];
  int i;
  printf("请依次输入%d 名学生的姓名与成绩:\n",N);
```

```
   for(i=0;i<N;i++)
     {
     scanf("%s",st[i].name);
     scanf("%f",&st[i].score);
     }
     sort(st,N);                /*调用被调函数 sort*/
     printf("排序之后的结果:\n");
     for(i=0;i<N;i++)
     {
     printf("%s:",st[i].name);
     printf("%.1f\n",st[i].score);
     }
   return 0;
}
```

在本程序排序部分的双重循环中，当满足 if 条件时，直接交换两个结构体数组元素的值，即两个数组元素的所有成员同时参与了交换，从而保证各成员之间的对应关系不会出现错乱。

由于结构体数组也属于数组，所以结构体数组作函数参数的用法与前述的数组作函数参数基本相同。

【例 12.5】 使用结构体数组实现信息查询。在主函数中输入若干名学生的学号、姓名、年龄、成绩等 4 项信息，并存入一个结构体数组中。再在被调函数中输入一个学号，然后从结构体数组中查找出相应学生的各项信息并输出到屏幕上。

编程思路：

（1）在主函数中，将一批学生的信息存入结构体数组中。

（2）在被调函数中，将待查找学号依次与结构体数组元素中的学号进行比较。若查找成功，则显示相应学生的各项信息；否则，显示查找失败信息。

源程序：

```
#include <stdio.h>
#include <string.h>
#define N 100
struct  student
{
 char num[10];
 char name[20];
 int age;
 float score;
};
void serch(struct student st[],int n);
int main(void)
{
 struct student st[N];
 int n;
 n=0;
 while(1)
   {printf("请输入第%d 名学生的学号(以 000000 为结束标记): ",n+1);
```

```
       scanf("%s",st[n].num);
       if(strcmp(st[n].num,"000000")==0)
          break;
       printf("请依次输入第%d名学生的姓名、年龄、成绩: ",n+1);
       scanf("%s%d%f",st[n].name,&st[n].age,&st[n].score);
       n++;
       }
    serch(st,n);
    return 0;
}
void serch(struct student st[],int n)
{
char id[10];
int i;
while(1)
    {
     printf("请输入待查找学生的学号(以 000000 为结束标记): ");
     scanf("%s",id);
     if(strcmp(id,"000000")==0)
        break;
     for(i=0;i<n;i++)
        {if(strcmp(st[i].num,id)==0)          /*依次比较*/
           break;
        }
     if(i<n)          /*查找成功*/
       {printf("学号\t 姓名\t 年龄\t 成绩\n");
        printf("%s\t%s\t%d\t%.2f\n",st[i].num,st[i].name,st[i].age,
               st[i].score);
       }
     else          /*查找失败*/
       printf("没有相匹配的学号! \n");
    }
 return0;
}
```

12.4 结构体指针

1. 指向结构体变量的指针

在第 7 章中，介绍了如何利用指针对标量类型的变量进行间接引用。同样地，通过定义指向结构体变量的指针，也可以对结构体类型的变量进行间接引用。指向结构体变量的指针变量的定义与结构体变量和结构体数组的定义方法类似。

例如：

```
struct  student
{
  char num[10];
  char name[20];
```

```
    char sex[3];
    int age;
}stu;
struct  student  *p;
p=&stu;
```

这里的变量 p 就是一个指向结构体变量的指针变量，此处令其指向结构体变量 stu。

一旦定义了指向结构体变量的指针，就可以通过该指针变量来间接引用结构体变量及其成员。

（1）通过结构体指针引用结构体变量的一般形式。

*结构体指针变量

例如：

```
struct  student
{
    char num[10];
    char name[20];
    int age;
    float score;
};
struct  student  st1={"10006","张三丰",19,600},st2,*p=&st1;
st2=*p;          /*此处*p 是对结构体变量 st1 的间接引用*/
```

（2）通过结构体指针引用结构体变量成员的一般形式之一。

(*结构体指针变量).成员名

例如：

```
(*p).age=18;
```

等价于：

```
stu.age=18;
```

需要注意，此处（*p）两侧的括号不可少，因为成员运算符"."的优先级高于间接引用运算符"*"。若去掉括号变成*p.age，则等效于*（p.age），含义完全不同。

由于以上引用形式略显烦琐，C 语言还提供了另一种更加简洁的引用形式。

（3）通过结构体指针引用结构体变量成员的一般形式之二。

结构体指针变量->成员名

例如：

```
p->age=18;
```

其中，"->"称为指向运算符，是优先级最高的运算符之一。

【例 12.6】 从键盘输入一名学生的学号、姓名、年龄和成绩，并存入一个结构体变量中，然后依次输出各项数据。要求通过结构体指针间接引用该结构体变量的成员。

编程思路：

（1）定义一个结构体变量用于存储该学生的信息。

（2）通过结构体指针依次输入结构体变量各成员的值。

（3）通过结构体指针依次输出结构体变量各成员的值。

源程序：

```
#include<stdio.h>
struct  student              /*定义结构体类型标识符*/
{
```

```
  char num[10];
  char name[20];
  int age;
  float score;
};
int main(void)
{
  struct  student  st,*p=&st;
  printf("请依次输入该学生的学号、姓名、年龄、成绩: \n");
  gets((*p).num);          /*将字符串输入到字符数组中*/
  gets((*p).name);
  scanf("%d%f",&(*p).age,&(*p).score);
  printf("学号\t姓名\t年龄\t成绩\n");
  printf("%s\t%s\t%d\t%.2f\n",p->num,p->name,p->age,p->score);
  return 0;
}
```

2. 指向结构体数组元素的指针

除了可以间接引用结构体变量之外，也可以通过定义指向结构体数组元素的指针，实现对结构体数组元素的间接引用。

例如：

```
struct  student
{
  char num[10];
  char name[20];
  char sex[3];
  int age;
};
struct  student  stu[10],*p;
p=stu;                /*等价于p=&stu[0];*/
```

此处 p 指向了结构体数组元素 stu[0]，而 p+1 将指向下一个数组元素 stu[1]，如图 12.4 所示。这与普通数组的情况是一致的。

【例 12.7】 用指向结构体数组元素的指针访问结构体数组。

编程思路：

（1）通过初始化方式将 5 名学生的数据存入结构体数组中。

（2）通过结构体指针依次指向数组的每个元素，并输出结构体数组元素各成员的值。

源程序：

图 12.4 结构体数组元素
的指针

```
#include<stdio.h>
struct student
{
  char num[10];
  char name[20];
  char sex[3];
  int age;
```

```
};
int main(void)
{
  struct student stu[5]=
  {{"1001","周雨平","男",18},
   {"1002","张浩","男",17},
   {"1003","刘芳","女",19},
   {"1004","陈丽","女",18},
   {"1005","王子鸣","男",19}},*p;
  printf("学号\t 姓名\t 性别\t 年龄\n");
  for(p=stu;p<=stu+4;p++)            /*指针变量p 依次指向数组 stu 的每个元素*/
    printf("%s\t%s\t%s\t%d\n",p->num,p->name,p->sex,p->age);
  return 0;
}
```

12.5　结构体变量的跨函数引用

对于全局结构体变量，理所当然地可以跨函数引用。而局部结构体变量的跨函数引用，主要是在被调函数中引用主调函数中定义的局部结构体变量，而很少在主调函数中引用被调函数中定义的局部结构体变量。

1. 结构体变量作函数参数

若需要在被调函数中引用主调函数中定义的局部结构体变量，则可以将该结构体变量作为实参，以相同类型的结构体变量作为形参，从而将实参结构体变量各成员的值传递给形参结构体变量中对应的成员。

【例 12.8】　在主函数中输入一名学生的学号、姓名、五门课程的成绩并存入一个结构体变量中，然后在被调函数中求出其总分与平均分并存入该结构体变量中，最后在主函数中输出结果。

编程思路：
（1）定义一个结构体变量，并输入各项已知数据。
（2）以该结构体变量作为实参调用被调函数。
（3）在被调函数中求出总分与平均分。
（4）在主函数中输出结果。
源程序：

```
#include<stdio.h>
struct  student
{
  char num[10];
  char name[20];
  float score[5];         /*存储 5 门课程成绩*/
  float sum;
  float aver;
};
```

```
void comp(struct student per)
{
  int i;
  per.sum=0;
  for(i=0;i<=4;i++)
   per.sum=per.sum+per.score[i];
  per.aver=per.sum/5;
  return;
}
int main(void)
{
  struct  student  st;
  int i;
  printf("请依次输入该学生的学号、姓名及 5 门课程成绩：\n");
  gets(st.num);
  gets(st.name);
  for(i=0;i<=4;i++)
   scanf("%f",&st.score[i]);
  comp(st);
  printf("学号\t 姓名\t 总分\t 平均分\n");
  printf("%s\t%s\t%.2f\t%.2f\n",st.num,st.name,st.sum,st.aver);
  return 0;
}
```

该程序运行时，所输出的总分与平均分均为随机值。原因何在呢？这是因为 C 语言中的参数传递为传值调用，故只能将实参结构体的值传递给形参结构体，而不能再将形参结构体的值传递给实参结构体。

2. 结构体指针作函数参数

若希望将被调函数中的局部结构体变量的值传回主调函数中，可以通过将该结构体变量作为被调函数的返回值实现。但是，若希望完成主调函数与被调函数之间的结构体变量值的双向传递，则可以将主调函数中结构体变量的地址传递到被调函数中，然后在被调函数中对主调函数中的结构体变量进行间接引用。

```
#include<stdio.h>
struct  student
{
  char num[10];
  char name[20];
  float score[5];         /*存储 5 门课程成绩*/
  float sum;
  float aver;
};
void comp(struct student *p)
{
  int i;
  p->sum=0;
```

```
  for(i=0;i<=4;i++)
     p->sum=p->sum+p->score[i];
  p->aver=p->sum/5;
  return;
}
int main(void)
{
  struct   student   st;
  int i;
  printf("请依次输入该学生的学号、姓名与 5 门课程成绩：\n");
  gets(st.num);
  gets(st.name);
  for(i=0;i<=4;i++)
     scanf("%f",&st.score[i]);
  comp(&st);
  printf("学号\t 姓名\t 总分\t 平均分\n");
  printf("%s\t%s\t%.2f\t%.2f\n",st.num,st.name,st.sum,st.aver);
  return 0;
}
```

运行该程序可以发现，能够将被调函数中求得的总分与平均分传回主调函数中。这是因为在被调函数中通过指针形参间接引用了主调函数中的结构体变量，所以被调函数中赋值操作的对象就是主调函数中结构体变量的成员。

另外，当采用结构体变量作为函数的参数时，需要传递结构体变量每个成员的值；而当采用结构体指针作为函数的参数时，只需传递一个结构体指针的值，因而具有较小的空间和时间开销。

12.6 共 用 体

从表面上来看，共用体与结构体一样，都是由若干成员组成的。但是与结构体不同的是，共用体变量的所有成员共享同一段内存空间，也就是说共用体变量的各个成员所占用的内存空间是相互重叠的。

1. 共用体变量的定义

当定义共用体变量时，需要具体说明共用体包括哪些成员以及每个成员的名字和类型。定义共用体变量的一般形式为

```
union
{ 类型说明符   成员名 1;
  类型说明符   成员名 2;
  ……
  类型说明符   成员名 n;
} 变量名表;
```

其中，union 是用于定义共用体的关键字。

例如：

```
union
```

```
{int i;
 char ch[6];
}a,b;
```

其实，这里的

图 12.5　共用体变量
的存储结构

```
union
{int i;
 char ch[6];
}
```

是一个未命名的共用体类型,而 a、b 则是这种共用体类型的两个变量。

共用体变量在内存中是如何存储的呢? 共用体变量的各个成员按照低端地址对齐的规则重叠占用同一段内存空间,如图 12.5 所示。假如将共用体变量 a 存储到从 2000H 开始内存空间中,那么它的 int 型成员 i 将会占用从 2000H 到 2003H 的 4 个内存单元,而字符数组成员 ch 将会占用从 2000H 到 2005H 的 6 个内存单元。故任一时刻在共用体变量中只能存储一个成员的值,也就是说当对其中的一个成员进行赋值时,其他成员的值也会相应地发生变化。共用体变量所占用的内存空间长度,等于占用内存空间最多的成员的长度。此处,共用体变量 a、b 所占用的内存长度均为 6 字节。

2. 共用体类型标识符的定义

为了便于在程序中的不同位置引用同一种共用体类型, 可以定义一个标识符来代表这种共用体类型。既可以在定义共用体变量的同时, 定义共用体类型标识符; 也可以先定义共用体类型标识符, 再定义共用体变量。

（1）在定义共用体变量的同时, 定义共用体类型标识符。

其一般形式为

```
union　共用体类型标识符
{ 类型说明符　成员名1;
  类型说明符　成员名2;
  ……
  类型说明符　成员名n;
} 变量名表;
```

例如:

```
union number
{int i;
 char ch[6];
} a,b;
```

其中, number 就是一种共用体类型标识符。

（2）先定义共用体类型标识符, 再定义共用体变量。

其一般形式为

```
union　共用体类型标识符
{ 类型说明符　成员名1;
  类型说明符　成员名2;
  ……
```

```
    类型说明符    成员名n;
};
union    共用体类型标识符    变量名表;
```
例如:

```
union number
{int i;
 char ch[6];
};
union number a,b;
```

可以发现,以上两种方式中,第二种定义方式更加灵活方便。

需要注意,只能将"union 共用体类型标识符"作为类型说明符使用,而不能将"共用体类型标识符"直接作为类型说明符使用。例如,不能将 union number a,b;简写为 number a,b;。

3. 共用体变量的初始化

可以在定义共用体变量的同时进行初始化,但是只能对共用体变量的第一个成员进行初始化。

例如:

```
union number
{int i;
 char ch[6];
};
union number a={127};
```

此处的花括号必不可少,而且初始化数据项必须是常量或常量表达式。

4. 共用体变量的引用

当在程序中使用共用体变量时,一般只能针对共用体变量的成员进行输入、输出或运算,不过类型相同的共用体变量之间可以整体赋值。

共用体变量成员的一般引用形式为

```
共用体变量名.成员名
```

【例 12.9】 共用体变量的使用。

源程序:

```
#include<stdio.h>
union data
{int a;
 float x;
};
int main(void)
{union data un;
 un.a=32767;
 printf("%d, %f\n",un.a,un.x);
 un.x=36.98;
 printf("%d, %f\n",un.a,un.x);
 return 0;
}
```

运行结果:

```
un.a=32767,un.x=0.000000
un.a=1108601733,un.x=36.980000
```

可见，当给共用体变量的一个成员赋值时，其他成员的值也会相应改变。这是因为共用体变量的各个成员在内存空间中是相互重叠的，而输出的结果则是由该数据在内存中的存储格式和 printf 函数中的输出格式共同决定的。

【例 12.10】 利用共用体的特点，分别取出无符号短整型数据中高字节和低字节的内容。

编程思路:

（1）将共用体变量的一个成员定义为无符号短整型，另一个成员定义为无符号字符型数组。

（2）输入一个无符号短整型数据存入该共用体变量中。

（3）依次输出无符号字符型数组各元素的值。

源程序:

```
#include<stdio.h>
union data
{unsigned short a;
 unsigned char c[2];          /*不能定义为 char c[2];*/
};
int main(void)
{union data u;                /* u 是共用体类型的变量*/
 scanf("%hu",&u.a);
 printf("高字节=%hxH, 低字节=%hxH\n",u.c[1],u.c[0]);
 printf("高字节=%hu, 低字节=%hu\n",u.c[1],u.c[0]);
 return 0;
}
```

需要注意，该程序中字符数组 c 必须定义为无符号字符型 unsigned char c[2]，如果定义为有符号字符型 char c[2]，那么当分离出来的单字节的最高位是 1 时，输出的结果将会是错误的。

12.7　拓展：枚举类型

在现实世界中，某些数据只能取有限的几个特定值。例如，月份只能取一月到十二月，星期值只能取星期一到星期日。在程序中如何表示这类数据呢？当然，可以采用整数表示，不过不够直观，也难以体现其有效取值范围。也可以定义一组符号常量表示，但是略显烦琐。

更好的选择是采用枚举类型来表示这类数据。枚举类型就是一种可以一一列举出所有取值的数据类型。

1. 枚举类型的定义

为了便于在程序中的不同位置引用同一种枚举类型，可以定义一个标识符来代表这种枚举类型。

枚举类型定义的一般形式为

enum 枚举类型标识符{ 枚举常量表 };

其中，枚举常量必须是标识符。

例如：

```
enum weekday{sun, mon, tue, wed, thu, fri, sat};
```

其中，weekday 是枚举类型标识符，而花括号中的七个标识符则是枚举常量。

每个枚举常量对应一个整数。默认情况下，第一个枚举常量对应 0，其他枚举常量的值依次加 1 递增。可以通过为枚举常量指定一个值而改变其默认值，甚至可以为不同的枚举常量指定相同的值。

例如：

```
enum color{ red=1, orange, yellow=6, green=yellow+2, cyan, blue,
            purple=0};
```

2. 枚举类型变量的定义与使用

既可以在定义枚举类型标识符的同时，定义枚举变量；也可以先定义枚举类型标识符，再定义枚举变量。

（1）在定义枚举类型标识符的同时，定义枚举变量。其一般形式为

```
enum 枚举类型标识符{ 枚举常量表 } 变量名表;
```

例如：

```
enum weekday{sun, mon, tue, wed, thu, fri, sat} w1,w2;
```

其中，w_1、w_2 就是两个枚举类型的变量。

在这种定义方式中，枚举类型标识符允许缺省。

例如：

```
enum {sun, mon, tue, wed, thu, fri, sat} w1,w2;
```

（2）先定义枚举类型标识符，再定义枚举变量。其一般形式为

```
enum 枚举类型标识符{ 枚举常量表 };
enum 枚举类型标识符  变量名表;
```

例如：

```
enum weekday{sun, mon, tue, wed, thu, fri, sat};
enum weekday w1,w2;
```

可以发现，以上两种方式中，第二种定义方式更加灵活方便。

需要注意，只能将"enum 枚举类型标识符"作为类型说明符使用，而不能将"枚举类型标识符"直接作为类型说明符使用。

【例 12.11】 枚举类型数据的使用。

源程序：

```
#include<stdio.h>
int main(void)
{enum color{red=1, orange, yellow=6, green=yellow+2, cyan, blue,
            purple=0} a,b,c;
 a=orange;
 b=cyan;
 c=purple;
 printf("red=%d,blue=%d\n",red,blue);
 printf("a=%d,b=%d,c=%d\n",a,b,c);
 return 0;
}
```

枚举类型在使用中有如下规则。

（1）只能对枚举变量赋值，而不能对枚举常量赋值。

例如：

```
orange=3;
```

是错误的。

（2）枚举类型与数值型数据之间可以相互赋值，即赋值兼容。

例如：

```
enum color{red=1, orange, yellow=6, green=yellow+2, cyan, blue,purple=0}
a;
int x;
a=9;
x=blue;
```

12.8 拓展：内存的动态分配

在 C 语言中，一般利用数组（包括结构体数组）实现批量数据的存储。在 C89 标准中，只能定义定长数组，即数组的长度只能是常量或常量表达式；在 C99 标准中，允许定义变长数组，即数组的长度可以是变量或变量表达式。定长数组一经定义，数组的长度就是固定不变的。变长数组虽然可以在程序运行过程中再确定数组的长度，但是一旦分配内存空间，数组的长度也是不可改变的。

这种通过定义变量或数组来分配内存的方式，称为内存的静态分配。很显然，静态分配适合内存空间的需求量相对固定的情形，而不适合内存空间的需求量变化不定的情形。

为了提高内存的利用效率，应对某些情形下内存空间的需求量变化不定的问题，C 语言允许在程序运行过程中随时分配与回收内存，这种方式称为内存的动态分配。

内存的动态分配是通过调用专门的函数来实现的，这里介绍其中三个最常用的函数。

1. malloc 函数

函数原型：

```
void *malloc(unsigned size)
```

功能：申请分配一块长度为 size 字节的连续内存空间。若分配成功，则返回其首地址，否则，返回空指针。

void *是 C89 标准中定义的通用指针类型，通用指针与所有其他类型的指针都是赋值兼容的，即可以不经过强制类型转换而直接相互赋值。

例如，申请分配一个整型数据的内存空间可用如下代码实现。

```
int *p;
p=malloc(4);        /*赋值兼容，故可以直接赋值*/
```

因为在不同的 C 语言编译器中，同一种类型数据的内存长度有可能不同，所以为了提高程序的通用性，可以利用 sizeof 运算符求出某种类型数据的内存长度。

例如：

```
int *p;
p=malloc(sizeof(int));
```

【例 12.12】 利用动态方式分配一个整型数据的内存空间。

源程序：

```
#include<stdio.h>
#include<stdlib.h>
int main(void)
{int *p;
 p=malloc(sizeof(int));
 *p=600;
 printf("%d\n",*p);
 return 0;
}
```

可见，采用动态方式分配的内存单元，只能通过间接引用方式进行访问。

2. free 函数

采用动态方式分配的内存不会自动释放，而是一直保留到当前程序运行结束。为了避免消耗大量的内存空间，动态方式分配的内存用完之后应该及时用 free 函数释放。

函数原型：

```
void free(void *p)
```

功能：释放由 p 所指向的一段动态分配的内存空间，这段空间是最近一次调用 malloc 函数或 calloc 函数所分配的内存。

由于形参 p 是通用指针类型的指针，所以对应的实参可以是任意类型的指针量。

【例 12.13】 内存的动态分配及释放。

源程序：

```
#include<stdio.h>
#include<stdlib.h>
int main(void)
{int *p;
 p=malloc(sizeof(int));
 *p=600;
 printf("%d\n",*p);
 free(p);
 return 0;
}
```

3. calloc 函数

函数原型：

```
void *calloc(unsigned n,unsigned size)
```

功能：申请分配 n 块长度为 size 字节的连续内存空间。若分配成功，则会将所分配的内存空间清零并返回其首地址；否则，返回空指针。

【例 12.14】 利用动态方式分配可存储 100 个整数的内存空间，并生成 100 个随机整数存入该空间中。

编程思路：

可以利用库函数 rand（ ）生成非负随机整数，该函数的原型在头文件 stdlib.h 中声明。

源程序：

```
#include<stdio.h>
#include<stdlib.h>
int main(void)
{int *p,i;
 p=calloc(100,sizeof(int));
 for(i=0;i<=99;i++)
   p[i]=rand();            /* p[i]等价于*(p+i) */
 for(i=0;i<=99;i++)
   printf("%d\t",p[i]);
 free(p);
 return 0;
}
```

可见，利用 calloc 函数可以实现动态定义数组的效果。

12.9　拓展：链表

在 C 语言中,数组是最常用的顺序存储结构,数组的元素在内存中是顺序连续存储的。顺序存储结构的优势是允许随机访问，即可以直接访问其中的任意一个元素，故访问速度快。但是因为其对应的存储区是一个连续的整体，故不便于在中间插入或删除元素，也不便于调整整个存储区的大小。

链式存储结构恰好可以很好地解决以上两个问题。链式存储结构通常采用动态方式分配存储区，各存储区之间可以是不连续的，通过指针相互连接起来。链表是最常用的链式存储结构。

12.9.1　链表的概念

在 C 语言中，将若干个结构体变量通过指针连接起来构成的数据结构，称为链表。链表中的结构体变量称为链表的结点。

由于链表结点中不但要存储数据，还要存储下一个结点的地址，所以链表结点通常由若干个数据成员（数据域）和指针成员（指针域）组成。而最简单的链表结点，只包含一个数据域和一个指针域。

例如：

```
struct node
{int data;              /*数据域*/
 struct node *next;     /*指针域*/
} a,b;
```

由于链表结点中的指针域要指向下一个结点,其类型必须是指向本结构体类型的指针。因而，这是一种递归定义。

若链表结点中只有指向后继结点的指针域，则称为单向链表。若链表结点中既有指向后继结点的指针域，又有指向前趋结点的指针域，则称为双向链表。本节只讨论单向链表。

链式存储结构不能采用随机访问方式，而只能采用顺序访问方式，即总是从第一个结点开始依次顺序找到需要访问的结点。因此，需要将链表的第一个结点的地址单独保存起来。

若是将链表的第一个结点的地址直接存储到一个专门的指针变量中，则这种链表称为不带头结点的链表。这个专门的指针变量称为头指针。若是将链表的第一个结点的地址存储到一个专门的结点的指针域中，则这种链表称为带头结点的链表。这个专门的结点称为头结点，头结点的数据域中不存储任何数据。带头结点的链表中也有头指针，只不过此时头指针变量中存储的是头结点的地址。

由于链表的最后一个结点没有后继结点，故将其指针域置为空指针 NULL，作为链表的结束标志，如图 12.6 所示。

图 12.6　带头结点的单向链表

12.9.2　链表的创建与遍历

1. 链表的创建

创建一个新的链表，包括以下几个主要步骤：

（1）为一个链表结点分配存储空间。

（2）将数据存入该结点的数据域中。

（3）将该结点链接到链表中。

（4）循环执行步骤（1）～（3），直至将所有结点链接到链表中。

在创建链表时，若采用静态方式分配结点空间，则相应的链表称为静态链表；若采用动态方式分配结点空间，则相应的链表称为动态链表。由于静态链表无法体现链式存储结构的优势，通常采用动态链表。

【例 12.15】　在被调函数中创建一个带头结点的动态链表，用以存储从键盘输入的若干名学生的学号与成绩，最后返回头指针的值。

编程思路：

（1）为头结点分配空间，并使头指针指向头结点。

（2）不断地将新结点链接到链表的尾部，直至完成。

算法设计：

（1）创建头结点，并使头指针指向头结点，如图 12.7 所示。

（2）输入一名学生的学号与成绩。

（3）若是有效数据，则创建新结点，并将数据存入新结点中，如图 12.8 所示。否则，跳至步骤（5）。

（4）将新结点链接到链表中，如图 12.9 所示，然后转到步骤（2）。

（5）设置链表结束标志，并返回头指针。

图 12.7　创建头结点　　　图 12.8　创建新结点　　　图 12.9　插入第一个数据结点后的链表

源程序：

```c
#include<stdio.h>
#include<string.h>
#include<stdlib.h>
struct  list        /*定义链表结点*/
{char num[10];
```

```
    int score;
    struct list *next;
};
typedef  struct list  LIST;
LIST  *creat()
{LIST  *head,*p1,*p2;
 char t[10];
 head=malloc(sizeof(LIST));    /*创建头结点*/
 p1=head;
 while(1)
    {printf("请输入一个学号: ");
     scanf("%s",t);
     if(strcmp(t,"-1")==0)
       break;
     p2=malloc(sizeof(LIST));  /*p2 指向新结点*/
     strcpy(p2->num,t);
     printf("请输入一个成绩: ");
     scanf("%d",&p2->score);
     p1->next=p2;            /*新结点链接到表末*/
     p1=p2;                  /*p1 指向新的末结点*/
    }
 p1->next=NULL;             /*设置链表结束标志*/
 return  head;
}
```

在该函数中，借助两个指针变量 p1、p2 实现链表的生长。其中，p1 总是指向链表中当前的末结点，而 p2 总是指向新结点。因此，只需将当前末结点的指针域指向新结点（也就是 p1->next=p2; ），即可将新结点链接到链表中。

2. 链表的遍历

创建成功的链表存储于内存中。若要显示链表中每个结点的数据，必须从头指针开始逐个结点进行访问，直至链表结束。这个过程称为链表的遍历。

遍历一个带头结点的链表，包括以下几个主要步骤：
（1）通过头指针找到头结点。
（2）若头结点的指针域为空指针，则是空链表。
（3）否则跟踪链表的指针，找到下一个结点，并输出其数据域的值。
（4）直至遇到链表的结束标志。

【例 12.16】 在被调函数中，顺序输出单向链表中各结点数据域的值。

编程思路：
（1）令指针变量 p 指向头结点的下一个结点。
（2）若 p 的值为空指针，则说明是空链表；否则转向步骤（3）。
（3）输出 p 所指向的结点的数据成员的值。
（4）令指针变量 p 指向当前结点的下一个结点。
（5）若 p 的值为空指针，则说明已到达链表的末尾；否则转向步骤（3）。

源程序：

```
void print(LIST *head)
{ LIST *p;
  p=head->next;                  /* p指向头结点的下一个结点*/
  printf("链表中的学生信息为：\n");
  if(p==NULL)
    printf("该链表为空!\n");
  else
    while(p!=NULL)
    {printf("学号:%s\t成绩:%d\n",p->num,p->score);  /*输出当前结点数据*/
     p=p->next;                  /* 使得p指向当前结点的下一个结点*/
    }
}
```

在完成 print 函数之后，就可以测试链表的创建与遍历。下面是用于调用 creat 函数与 print 函数的主函数。

```
int main(void)              /*主函数版本1，创建和遍历链表*/
{LIST *head;
 head=creat();              /*创建链表，返回头指针*/
 print(head);              /*输出全部结点数据*/
 return 0;
}
```

12.9.3　链表的插入与删除

1. 向链表中插入结点

要向单向链表中插入一个新结点，首先必须确定待插入的位置，通常通过查找符合特定条件的第一个结点来确定插入位置。

向一个带头结点的单向链表中插入新结点，一般包括以下几个主要步骤：

（1）首先通过查找确定待插入的位置。

图 12.10　单向链表中结点的插入

（2）为新结点分配空间并存入数据。

（3）将新结点链接到链表中，如图 12.10 所示。

根据新结点的插入位置，可以分为在目标结点之前插入与在目标结点之后插入两种情况。

在目标结点之前插入新结点时，一方面要让目标结点的前趋结点的指针域指向新结点；另一方面还要让新结点的指针域指向目标结点。但由于单向链表不能反向查找目标结点的前趋结点，所以必须借助于两个指针变量分别指向目标结点及其前趋结点。

在目标结点之后插入新结点时，首先让新结点的指针域指向目标结点的后继结点，然后让目标结点的指针域指向新结点。这相对容易一些，借助于一个指针变量即可实现。

【例 12.17】　编写函数实现：在一个按学号升序排列的带头结点的单向链表中，插入一名学生的学号与成绩数据，并使所有的链表结点仍然保持按学号升序排列。

编程思路：

从第一个结点开始顺序查找，若找到第一个学号大于新学号的目标结点，则将新结点插入目标结点之前；否则，将新结点链接到所有结点之后。

算法设计：

（1）为新结点分配空间，并存入数据。

（2）令 p_1 指向头结点。

（3）令 p_2 指向 p_1 所指向的结点，p_1 则指向 p_1 原来的后继结点。

（4）若 p_1 不是空指针并且 p_1 所指向结点的学号小于新结点的学号，则转至步骤（3）。

（5）令 p_2 所指向结点的指针域指向新结点，令新结点的指针域指向 p_1 所指向的结点，即可将新结点插入这两个结点之间。

按照新结点的插入位置不同，可分为如下几种情况：

（1）若链表非空且新结点学号最小，则新结点应插入所有数据结点之前。

（2）若链表非空且新结点学号介于最小学号与最大学号之间，则新结点应插入两个数据结点之间，如图 12.11 所示。

图 12.11　在表中插入新结点

（3）若链表非空且新结点学号最大，则新结点应链接到所有数据结点之后，如图 12.12 所示。

图 12.12　在表尾插入新结点

（4）若链表为空，则新结点应链接到头结点之后，如图 12.13 所示。

图 12.13　在表头插入新结点

对于带头结点的链表，当前两种情况查找结束时，p_1 将指向查找到的目标结点，p_2 将指向目标结点的前趋结点。因此，只需执行 p_2->next=p_0; p_0->next=p_1;，即可将 p_0 所指向的新结点插入链表中。

当后两种情况查找结束时，p_1 将是空指针，p_2 将指向链表中的末结点。因此，只需执行 p_2->next=p_0; p_0->next=p_1;，即可将 p_0 所指向的新结点链接到表尾。

可见，对于带头结点的链表，这四种情况在查找结束之后的处理方式其实是完全相同的。而这恰好就是带头结点的链表相对于不带头结点的链表的优势所在。

源程序：

```
void insert(LIST *head, char number[10])
{LIST  *p0,*p1,*p2;
 p0=(LIST *)malloc(sizeof(LIST));       /*为新结点分配空间*/
 strcpy(p0->num,number);
 printf("请输入一个成绩:");
 scanf("%d", &p0->score);
 p1=head;             /*p1 指向头结点*/
 do                   /*在链表中查找插入位置*/
   {p2=p1;            /*p2 指向原 p1 所指结点*/
```

```
    p1=p1->next;        /*p1 指向下一个结点*/
    if(p1==NULL)
       break;
  }
while(strcmp(p1->num,number)<0);
p2->next=p0;        /*新结点链入链表*/
p0->next=p1;
return;
}
```

在访问链表时，一种很容易出现的错误是访问不存在的结点，即当指针已经变为空指针（到达链表末尾，不再指向任何结点）时，仍用该指针引用所指向结点的数据域或指针域。在该函数的循环体中，一旦指针变量 p1 的值发生改变，就立即判断是否为空指针，从而有效避免了上述错误的产生。

在完成 insert 函数之后，就可以测试链表的创建、遍历与插入。下面是用于调用 creat 函数、print 函数与 insert 函数的主函数。

```
int main(void)          /*主函数版本 2，创建、遍历和插入*/
{LIST *head;
char inse_num[10];
head=creat();           /*建立链表，返回头指针*/
print(head);            /*输出全部结点内容*/
while(1)
  {
  printf("请输入待插入学生的学号：");
  scanf("%s",inse_num);                 /*输入要插入结点的学号*/
  if(strcmp(inse_num,"-1") ==0)
     break;
  insert(head,inse_num);                /*插入新结点*/
  print(head);                          /*输出全部结点*/
  }
return 0;
}
```

2. 从链表中删除结点

从一个带头结点的单向链表中删除一个结点，一般包括以下几个主要步骤：

（1）通过查找确定待删除的目标结点。

（2）使得目标结点的前趋结点的指针域指向目标结点的后继结点，如图 12.14 所示。

（3）释放待删除结点所占用的空间。

图 12.14　单向链表中结点的删除

在删除目标结点时，要使得目标结点的前趋结点的指针域指向目标结点的后继结点。但由于单向链表不能反向查找目标结点的前趋结点，必须借助两个指针变量分别指向目标结点及其前趋结点。

【例 12.18】 编写函数，实现从带头结点的单向链表中，删除包含指定学号的结点的功能。

编程思路：

从第一个结点开始顺序查找，若找到与指定学号相匹配的结点，则删除；否则，不做处理。

算法设计：

（1）令 p_1 指向头结点。

（2）令 p_2 指向 p_1 所指向的结点，p_1 则指向 p_1 原来的后继结点。

（3）若 p_1 不是空指针并且 p_1 所指向结点的学号不等于指定的学号，则转至步骤（2）。

（4）若 p_1 是空指针，则表示未找到符合条件的结点。

（5）否则，令 p_2 所指向结点的指针域指向 p_1 所指向结点的后继结点，即可将 p_1 所指向的结点删除，最后释放其所占用的空间。

源程序：

```c
void dele(LIST *head, char number[10])
{ LIST *p1,*p2;
  p1=head;
  do
    {p2=p1;
     p1=p1->next;
     if(p1==NULL)
        break;
    }
  while(strcmp(p1->num,number)!=0);
  if(p1==NULL)          /*未找到符合条件的结点*/
     printf("表中没有学号为%s 的结点!\n",number);
  else
    {p2->next=p1->next;
     free(p1);          /*释放待删除结点的空间*/
    }
  return;
}
```

在完成 delet 函数之后，就可以测试链表的创建、遍历、插入与删除。用于调用 creat 函数、print 函数、insert 函数与 delet 函数的相应的主函数如下：

```c
int main(void)          /*主函数版本 3，创建、遍历、插入和删除*/
{LIST *head;
 char inse_num[10],del_num[10];
 head=creat();          /*建立链表，返回头指针*/
 print(head);           /*输出全部结点内容*/
 while(1)
  {
   printf("请输入待插入学生的学号(输入-1 退出): ");
   scanf("%s",inse_num);                /*输入要插入结点的学号*/
   if(strcmp(inse_num,"-1")==0)
      break;
```

```
    insert(head,inse_num);                  /*插入新结点*/
    print(head);                            /*输出全部结点*/
  }
while(1)
  {
   printf("请输入待删除学生的学号(输入-1 退出)： ");
   scanf("%s",del_num);                     /*输入要删除结点的学号*/
   if(strcmp(del_num,"-1")==0)
     break;
   dele(head,del_num);                      /*删除结点*/
   print(head);                             /*输出全部结点*/
  }
 return 0;
}
```
有关链表的深层知识，感兴趣的读者可参阅数据结构方面的书籍。

第13章 位 运 算

    C 语言有时被称为中级语言，这是因为它除了具备高级语言的一般特性之外，还具备低级语言的某些特性。例如，利用指针针对特定内存单元的操作能力，以及针对内存中二进制位的操作能力。这种特性使得 C 语言尤其适用于系统软件与测控软件的编写。

    位运算就是针对数据中的二进制位进行的运算。

13.1 位 运 算 符

    在 C 语言中共有六种基本位运算符，如表 13.1 所示。

表 13.1　基本位运算符

运算符	含义
～	按位取反
&	按位与
|	按位或
^	按位异或
<<	按位左移
>>	按位右移

13.1.1　按位取反运算符～

    按位取反运算符功能是将运算量中的每一个二进制位按位取反,即将每一位 0 变为 1,将每一位 1 变为 0。

【例 13.1】　按位取反运算示例。

```
#include<stdio.h>
int main(void)
{
 short int a=15,b=~a;
 printf("b=%hd\n",b);
 return 0;
}
程序运行结果:
b=-16
这是因为
~ 00000000 00001111B   (a=15)
= 11111111 11110000B   (b=-16)
错例:
#include<stdio.h>
```

```
int main(void)
{
float a=15,b=~a;
printf("b=%f\n",b);
return 0;
}
```

该程序编译时将会提示运算量类型错误。这是因为考虑到实型数据的内存格式比较复杂，故 C 语言规定位运算的运算量只能是整型或字符型数据，而不能是实型数据。

13.1.2　按位与运算符&

按位与运算符功能是将两个运算量中所有对应的二进制位分别进行与运算，即仅当对应的两个二进制位均为 1 时，结果位才为 1；否则，结果位为 0。

【例 13.2】　按位与运算示例。

```
#include<stdio.h>
int main(void)
{
short int a=7,b=10,c;
c=a&b;
printf("c=%hd\n",c);
return 0;
}
```

程序运行结果：

```
c=2
```

这是因为

```
     00000000 00000111B   (a=7)
&    00000000 00001010B   (b=10)
=    00000000 00000010B   (c=2)
```

可以发现，按位与运算具有如下特点：某个二进制位，只要和 0 相与，该位即被清零；只要和 1 相与，该位即保持不变。

【例 13.3】　设有 short int a=0x09a6, b;，编写程序使得变量 b 的高字节清 0、低字节与变量 a 相同。

编程思路：

根据按位与运算的特点，只需将变量 a 和 0x00ff 进行按位与即可。

源程序：

```
#include<stdio.h>
int main(void)
{
short int a=0x09a6,b;
b=a&0x00ff;
printf("b=%04hx\n",b);
return 0;
}
```

程序运行结果：

b=00a6

这是因为

```
     00001001 10100110    (a=0x09a6)
&    00000000 11111111      (0x00ff)
=    00000000 10100110    (b=0x00a6)
```

13.1.3 按位或运算符|

按位或运算符功能是将两个运算量中所有对应的二进制位分别进行或运算，即仅当对应的两个二进制位均为 0 时，结果位才为 0；否则，结果位为 1。

【例 13.4】 按位或运算示例。

```c
#include<stdio.h>
int main(void)
{
 short int a=3,b=5,c;
 c=a|b;
 printf("c=%hd\n",c);
 return 0;
}
```

程序运行结果：

c=7

这是因为

```
     00000000 00000011B    (a=3)
|    00000000 00000101B    (b=5)
=    00000000 00000111B    (c=7)
```

可以发现，按位或运算具有如下特点：某个二进制位，只要和 1 相或，该位即被置 1；只要和 0 相或，该位即保持不变。

【例 13.5】 设有 short int a=0x09a6, b;，编写程序使得变量 b 的高字节与变量 a 相同、低字节各位置 1。

编程思路：

根据按位或运算的特点，只需将变量 a 和 0x00ff 进行按位或即可。

源程序：

```c
#include<stdio.h>
int main(void)
{
 short int a=0x09a6,b;
 b=a|0x00ff;
 printf("b=%04hx\n",b);
 return 0;
}
```

程序运行结果：

b=09ff

这是因为

```
    00001001 10100110    (a=0x09a6)
|   00000000 11111111    (0x00ff)
=   00001001 11111111    (b=0x09ff)
```

13.1.4 按位异或运算符^

按位异或运算符功能是将两个运算量中所有对应的二进制位分别进行异或运算，即当对应的两个二进制位相异时，结果位为 1；当对应的两个二进制位相同时，结果位为 0。按位异或也称为按位加，即将对应的二进制位相加，但是不产生任何进位。

【例 13.6】 按位异或运算示例。

```
#include<stdio.h>
int main(void)
{
 short int a=15,b=10,c;
 c=a^b;
 printf("c=%hd\n",c);
 return 0;
}
```

程序运行结果：

```
c=5
```

这是因为

```
    00000000 00001111B    (a=15)
^   00000000 00001010B    (b=10)
=   00000000 00000101B    (c=5)
```

可以发现，按位异或运算具有如下特点：某个二进制位，只要和 1 相异或，该位即被取反；只要和 0 相异或，该位即保持不变。利用这个特点，可以对一个数据中的部分二进制位进行取反。

【例 13.7】 设有 short int a=0x09a6, b;，编写程序使得变量 b 的高字节与变量 a 相同、低字节取反。

编程思路：

根据按位异或运算的特点，只需将变量 a 和 0x00ff 进行按位异或即可。

源程序：

```
#include<stdio.h>
int main(void)
{
 short int a=0x09a6,b;
 b=a^0x00ff;
 printf("b=%04hx\n",b);
 return 0;
}
```

程序运行结果：

```
b=0959
```

这是因为

```
    00001001 10100110    (a=0x09a6)
^   00000000 11111111    (0x00ff)
=   00001001 01011001    (b=0x0959)
```

13.1.5 按位左移运算符<<

按位左移运算符的一般使用形式为

运算量<<n

其中，n 是左移的位数。其功能是将运算量的内容左移 n 个二进制位，即从左边去掉 n 个二进制位，从右边补上 n 个 0。

【例 13.8】 按位左移运算示例之一。

```c
#include<stdio.h>
int main(void)
{
 short int a=15,b;
 b=a<<2;
 printf("b=%hd\n",b);
 return 0;
}
```

程序运行结果：

b=60

这是因为

```
    00000000 00001111B    (a=15)
<<                  2
=   00000000 00111100B    (b=60)
```

【例 13.9】 按位左移运算示例之二。

```c
#include<stdio.h>
int main(void)
{
 short int a=-15,b;
 b=a<<2;
 printf("b=%hd\n",b);
 return 0;
}
```

程序运行结果：

b=-60

这是因为

```
    11111111 11110001B    (a=-15)
<<                  2
=   111111 1111000100B    (b=-60)
```

可以发现，在不产生溢出的前提下，按位左移一位等同于乘以 2。

13.1.6 按位右移运算符>>

按位右移运算符的一般使用形式为

运算量>>n

其中，n 是右移的位数。其功能是将运算量的内容右移 n 个二进制位，即从右边去掉 n 个二进制位，从左边补上 n 个二进制位。对于无符号整数，左边一律补 0；对于有符号整数，左边一律补其符号位。

【例 13.10】 按位右移运算示例之一。

```
#include<stdio.h>
int main(void)
{
 short int a=15,b;
 b=a>>2;
 printf("b=%hd\n",b);
 return 0;
}
```

程序运行结果：

b=3

这是因为

```
     00000000 00001111B   (a=15)
>>                    2
=    00000000 00000011B   (b=3)
```

【例 13.11】 按位右移运算示例之二。

```
#include<stdio.h>
int main(void)
{
 short int a=-15,b;
 b=a>>2;
 printf("b=%hd\n",b);
 return 0;
}
```

程序运行结果：

b=-4

这是因为

```
     11111111 11110001B   (a=-15)

>>                    2
=    11111111 11111100B   (b=-4)
```

可以发现，不论是无符号整数还是有符号整数，按位右移一位相当于被 2 整除（向下取整）。

13.2　位运算程序举例

【例 13.12】 从键盘输入一个短整数，将其高字节和低字节互换从而组合为新的短整数。要求用十六进制形式输入、输出数据。

编程思路：

（1）利用按位与运算分离出短整数的高字节与低字节。

（2）利用按位左移、按位右移调整字节在短整数中的位置。

（3）利用按位或运算合成新的短整数。

源程序：

```
#include<stdio.h>
int main(void)
{
```

```
unsigned short x,u,v;
printf("请输入一个十六进制短整数：");
scanf("%hx",&x);
u=x&0x00ff;        /*获取 x 的低字节*/
v=x&0xff00;        /*获取 x 的高字节*/
u=u<<8;            /*将 u 左移 8 位变为高字节*/
v=v>>8;            /*将 v 右移 8 位变为低字节*/
x=u|v;
printf("变换之后的十六进制短整数：%hx\n",x);
return 0;
}
```

该程序运行时，若输入 a3c9，则输出结果为 c9a3。但是，若将变量定义语句 unsigned short x,u,v;改为 short x,u,v;，则输出结果变为 ffa3。你能分析其中的原因吗？

第14章 文　　件

在前面的程序中，数据都存储于变量或数组之中。由于变量或数组在程序运行时是存储在内存中的，故一旦程序运行结束，变量或数组中的数据将会全部丢失。如果希望将程序运行时所需要的原始数据或者程序的运行结果长期保存起来，就应当将这些数据以文件的形式存储到外存储器中。

14.1　文　件　概　述

文件就是存储在外存储器上的一组相关数据的序列。每个文件有一个文件名，不同的文件通过文件名相互区分。

在 C 语言中，将文件看作由一个一个的字节构成的，称为字节流。对文件读写时，也是以字节为单位进行的。因此，将这种文件称为"流式文件"。

14.1.1　文本文件和二进制文件

按照文件内部数据的表示形式不同，可以将文件分为文本文件和二进制文件两种。

1. 文本文件

文本文件也称为 ASCII 码文件。在文本文件中，所有的数据都是以 ASCII 码的形式（汉字则是以内码的形式）存储的。因此，整型与实型的数据将首先自动转化为字符形式，然后写入文件中。具体如何转化，由输出函数中相应的格式说明符决定。例如，若有 int a=12345;，且使用"%d"的格式写入文件中，则变量 a 在文本文件中的存储形式为 00110001 00110010 00110011 00110100 00110101，即每个字节分别是字符'1'、'2'、'3'、'4'和'5'的 ASCII 码。又如，若有 float x=12.369;，且使用"%.3f"的格式写入文件中，则变量 x 在文本文件中的存储形式为 00110001 00110010 00101110 00110011 00110110 00111001，即每个字节分别是字符'1'、'2'、'.'、'3'、'6'和'9'的 ASCII 码。

可见，在文本文件中，所有类型的数据均是以字符的形式表示的。因此，其占用的存储空间较多，但可以用文本编辑软件（如记事本）直接显示。

2. 二进制文件

在二进制文件中，数据直接按照它在内存中的表示形式存储。例如，若有 int a=12345; float x=123.45; char ch='A';，则变量 a、x 和 ch 在二进制文件中的存储形式分别为 00000000 00000000 00110000 00111001、01000010 11110110 11100110 01100110 和 01000001，即分别是 12345 的补码、123.45 的二进制指数形式和字符'A'的 ASCII 码。

可见，在二进制文件中，所有类型的数据均是按照其内存形式表示的。因此，其占用的存储空间较少，但不能用文本编辑软件直接显示，不过可用内码编辑软件（如 WinHex）查看。

14.1.2　FILE 类型

在 C 语言中，对文件的所有操作都是通过库函数实现的。而这些库函数都要用到一种名为 FILE 的类型，从字面上来看"FILE"是文件的意思。实际上，这种类型是在标准头文件 stdio.h 中预先定义好的一种结构体类型。

每当打开一个文件，系统都会自动地创建一个 FILE 类型的结构体变量，用以存储该文件的相关属性信息，如文件描述符、文件读写位置、缓冲区大小等。因此，欲访问某个文件，必须首先访问与其对应的 FILE 类型结构体变量，以获得该文件的相关信息。

在文件操作函数中，一般都是通过 FILE 类型的指针来访问对应的结构体变量的。为了方便，通常将 FILE 类型的指针称为"文件指针"（尽管不太准确）。

14.2　文件的打开与关闭

在程序中，对文件进行读写操作之前要首先打开文件，读写完成之后则要关闭文件。

14.2.1　文件打开函数 fopen

fopen 函数用于在程序中打开一个文件，其函数原型为

```
FILE *fopen(char *filename,char *mode)
```

其中，filename 是要打开文件的文件名，该文件名中可以包含文件的绝对路径或相对路径；mode 用于指定文件的打开方式。

该函数的功能是，按指定方式打开指定的文件，并为该文件创建一个 FILE 类型的结构体变量。其返回值为指向 FILE 类型的指针。若文件打开成功，则返回与该文件相对应的结构体变量的指针；否则，返回空指针 NULL。

文件的打开方式有多种，常见的文件打开方式及其功能如表 14.1 所示。

表 14.1　文件打开方式及其功能

文件打开方式	功能含义
"r"	文本读方式打开文件，只能读出，不能写入 文件必须已存在
"w"	文本写方式打开文件，只能写入，不能读出 若文件不存在，则创建之；若文件已存在，则清空之
"a"	文本追加方式打开文件，只能写入，不能读出 若文件不存在，则创建之；若文件已存在，则保留之 只能在文件末写入数据
"r+"	文本读写方式打开文件，文件必须已存在 既可读出已有数据，也可改写或添加数据
"w+"	文本读写方式打开文件 若文件不存在，则创建之；若文件已存在，则清空之 既可写入数据，也可读出已有数据
"a+"	文本读写方式打开文件 若文件不存在，则创建之；若文件已存在，则保留之 只能在文件末写入数据，可读出已有数据

文件打开方式	功能含义
"rb"	二进制读方式打开文件，只能读出，不能写入 文件必须已存在
"wb"	二进制写方式打开文件，只能写入，不能读出 若文件不存在，则创建之；若文件已存在，则清空之
"ab"	二进制追加方式打开文件，只能写入，不能读出 若文件不存在，则创建之；若文件已存在，则保留之 只能在文件末写入数据
"rb+"	二进制读写方式打开文件，文件必须已存在 既可读出已有数据，也可改写或添加数据
"wb+"	二进制读写方式打开文件 若文件不存在，则创建之；若文件已存在，则清空之 既可写入数据，也可读出已有数据
"ab+"	二进制读写方式打开文件 若文件不存在，则创建之；若文件已存在，则保留之 只能在文件末写入数据，也可读出已有数据

文本打开方式与二进制打开方式有什么区别呢？这个问题将在 14.3.1 节说明。

【例 14.1】 在当前目录中，创建一个名为 a1.txt 的文本文件。

编程思路：

因为此处要求创建一个原来不存在的文本文件，故应采用"w"方式打开文件。

源程序：

```c
#include<stdio.h>
int main(void)
{
 fopen("a1.txt","w");
 return 0;
}
```

该程序运行之后，可以从当前目录（当前文件夹）中找到一个名为 a1.txt 的空文件。那么，如何在指定的目录中，创建一个新文件呢？只需要将文件名改为包含路径的文件名就可以了。

【例 14.2】 在 D 盘的根目录中，创建一个名为 a1.txt 的文本文件。

根据要求写出源程序：

```c
#include<stdio.h>
int main(void)
{
 fopen("d:\a1.txt","w");
 return 0;
}
```

该程序运行之后，在指定的目录中并未找到一个名为 a1.txt 的空文件。原因何在呢？这是因为在 C 语言中出现在字符串中的"\"，会被视为转义字符的起始字符。因此，若要表示一个普通的反斜杠，必须使用转义字符'\\'（两个连续的反斜杠）。

修正之后的源程序：

```
#include<stdio.h>
int main(void)
{
 fopen("d:\\a1.txt","w");
 return 0;
}
```

该程序运行之后，可以从指定的目录中找到一个名为 a1.txt 的空文件。

使用上面这种方式创建的文件，还存在一个大问题，就是无法对它进行任何的读写、关闭等操作。这是因为当通过库函数对文件进行打开之外的其他操作时，都需要用这个文件的指针作为函数的实参。那么，从哪里得到文件的指针呢？实际上 fopen 函数的返回值，就是文件的指针。所以，用 fopen 函数打开一个文件时，必须将函数的返回值存储到一个变量中。

再次修正之后的源程序：

```
#include<stdio.h>
int main(void)
{
 FILE *fp;
 fp=fopen("d:\\a1.txt","w");
 return 0;
}
```

有了文件指针，就可以对文件进行读写、关闭等其他操作。不过还有可能会出现打开失败的情况，如读方式下文件不存在、文件路径错误或存储介质错误等，都会导致文件打开失败。一旦文件打开失败，对文件的任何其他操作都是没有意义的。

因此，在打开文件之后需要判断打开是否成功。当打开失败时，fopen 函数的返回值将会是一个空指针 NULL。

进一步修正之后的源程序：

```
#include<stdio.h>
#include<stdlib.h>
int main(void)
{
 FILE *fp;
 fp=fopen("d:\\a1.txt","w");
 if(fp==NULL)
 {
  printf("文件打开失败! \n");
  exit(0);
 }
 return 0;
}
```

其中，exit 库函数用于立即退出当前程序的执行，并以 0 作为返回值返回到操作系统。正是因为使用了 exit 函数，所以在程序的第二行包含了 stdlib.h 头文件。

为了使得程序更加简洁，还可以将打开文件的语句合并到 if 语句中，从而得到如下源程序：

```
#include<stdio.h>
#include<stdlib.h>
int main(void)
{
 FILE *fp;
 if((fp=fopen("d:\\a1.txt","w"))==NULL)    /*此处必须先赋值后判断相等*/
 {
  printf("文件打开失败! \n");
  exit(0);
 }
 return 0;
}
```

14.2.2 文件关闭函数 fclose

在文件读写完毕之后，应当利用文件关闭函数及时地将文件关闭，以避免因误操作而造成的文件数据破坏。

文件关闭函数的原型为

```
int fclose(FILE *fp)
```

该函数的功能是,关闭文件指针 fp 所指向的文件,并释放相应的 FILE 类型结构体变量。

该函数的返回值为 int 型,若文件关闭成功,则返回 0;否则,返回 EOF。EOF 是在头文件 stdio.h 中定义的宏,其值通常为-1。由于文件关闭失败的概率很低,即使关闭失败危害也不大,所以一般不需要判断文件是否成功关闭。

例如:

```
fclose(fp);
```

14.3 文件的读写

文件打开之后，就可以对文件进行输入（读出）和输出（写入）操作。输入就是将计算机外设（外部设备，包括外存或 I/O 设备）中的数据经 CPU 传送到内存，也称为读出。输出，就是将计算机内存中的数据经 CPU 传送到外设，也称为写入。

由于 CPU 的工作速度要远高于外设，会频频出现 CPU 等待外设的情形。为了缓解 CPU 与外设之间的速度不匹配，可以在 CPU 与外设之间设置 I/O 缓冲区。I/O 缓冲区实际上就是内存中的一段连续空间。通常在打开一个文件时分配 I/O 缓冲区，关闭文件时回收其 I/O 缓冲区。当向文件写入数据时，先将数据存入 I/O 缓冲区中，待缓冲区填满时，再将这些数据实际写入文件中。当从文件中读出数据时，直接将整个数据块读出并存入 I/O 缓冲区中，再从缓冲区中逐个地读出数据。

在 C 语言中，提供了若干个用于文件读写的库函数，要注意读写文件之前必须选择适当的文件打开方式。

14.3.1 fprintf 函数和 fscanf 函数

1. fprintf 函数

fprintf 函数用于以指定的格式向文件中写入数据，其调用形式和参数含义都与 printf

函数很相似，只是多了一个参数。

其一般调用形式为

```
fprintf(文件指针,格式字符串,输出项)
```

该函数的功能是：按指定格式将输出项数据写入由文件指针所指向的文件中。若写入成功，则返回值为实际写入的字符个数；否则，返回值为 EOF。

【例 14.3】 从键盘上输入若干名学生成绩（以任意负数作为结束标志），然后写入 D 盘根目录中的文件 number.txt 中。

编程思路：

（1）以文本写方式打开文件 number.txt。

（2）输入一名学生成绩。

（3）若是结束标志，则转向第（5）步。

（4）将数据写入文件 number.txt 中，然后转向第（2）步。

（5）关闭文件。

源程序：

```c
#include<stdio.h>
#include<stdlib.h>
int main(void)
{
  FILE *fp;
  int a;
  if((fp=fopen("d:\\number.txt","w"))==NULL)
    {
      printf("文件 number.txt 打开失败！\n");
      exit(0);
    }
  printf("请输入若干名学生成绩(以任意负数作为结束标志)：\n");
  while(1)
    {
      scanf("%d",&a);
      if(a<0)                    /*结束标记不写入文件中*/
        break;
      fprintf(fp,"%d\n",a);      /*数据之间要有分隔符，以免将多个数据连成一体*/
    }
  fclose(fp);
  return 0;
}
```

该程序运行之后，将会创建一个名为 number.txt 的文件。若用文本编辑软件（如记事本）打开该文件，可以发现文件中的数据与输入的数据完全相同；若用内码编辑软件（如 WinHex）打开该文件，可以发现文件中的每个字节都是 ASCII 码。以上两点说明该文件的确是文本文件。

2. fscanf 函数

fscanf 函数用于以指定格式从文件中读出数据，其调用形式和参数含义都与 scanf 函数很相似，只是多了一个参数。其一般调用形式为

```
fscanf(文件指针,格式字符串,变量地址项);
```

该函数的功能是：从文件指针所指向的文件中，按指定格式读取数据并存入对应的变量中。若读取成功，则返回值为实际读出的数据个数；否则，返回值为 EOF。

【例 14.4】 在 D 盘根目录下名为 number.txt 的文件中，存有若干个以空格或换行符分隔的整数，编写程序将这些整数全部读取出来，并输出到显示器上。

问题分析：

当从文件中读出数据时，若不能确定文件中数据的个数，如何才能控制读出全部数据呢？要解决这个问题，可以使用 C 语言中提供的测试函数 feof 来判断是否读出了全部的数据而到达文件末尾，eof 的含义就是 end of file。

feof 函数的原型为

```
int feof(FILE *fp);
```

其功能是判断 fp 所指向的文件是否到达文件末尾。若是则返回非 0，否则返回 0。

编程思路：

（1）以文本读方式打开文件 number.txt。

（2）从文件 number.txt 中读出一个数据，并原样显示到屏幕上。

（3）循环执行第（2）步，直至到达文件末尾。

（4）关闭文件。

下面写出相应的源程序。

（1）利用 feof 函数判断文件结束的源程序。

```
#include<stdio.h>
#include<stdlib.h>
int main(void)
{
  FILE *fp;
  int a;
  if((fp=fopen("d:\\number.txt","r"))==NULL)
   {
     printf("文件 number.txt 打开失败! \n");
     exit(0);
   }
  while(feof(fp)==0)
   {
   fscanf(fp,"%d",&a);
   printf("%d ",a);
   }
  fclose(fp);
  return 0;
}
```

当运行这个程序时，发现最后一组数据显示了两次。原因何在呢？这是因为只有将文件中的所有数据（包括空格符、换行符和标点符号等）全部读出之后，函数 feof 的返回值才为真。由于在文件 number.txt 中，最后一个整数之后还有一个换行符，需要多读一次，才能导致函数 feof（fp）的返回值变成非 0，从而退出循环。多读的一次实际上并没有读出数据，从而变量 a 的值保持不变，还是上一次读出的数据。在该程序目前的循环中，读出之后接着就输出到显示器上，导致最后一组数据显示了两次。

（2）修正之后利用 feof 函数判断文件结束的源程序。

如何改正程序呢？可以采用 while（1）形式的循环来解决这个问题。也就是将循环语句头修改为 while（1），然后在 fscanf 语句之后添加一条语句 if（feof（fp）!=0）break;，当读到文件末尾时跳出循环即可。

源程序：

```c
#include<stdio.h>
#include<stdlib.h>
int main(void)
{
  FILE *fp;
  int a;
  if((fp=fopen("d:\\number.txt","r"))==NULL)
    {
      printf("文件 number.txt 打开失败! \n");
      exit(0);
    }
  while(1)
    {
    fscanf(fp,"%d",&a);
    if(feof(fp))                  /*等价于 if(feof(fp)!=0)*/
      break;
    printf("%d ",a);
    }
  fclose(fp);
  return 0;
}
```

（3）利用输入函数的返回值判断文件结束的源程序。

除了可以利用函数 feof 之外，也可以利用输入函数的返回值来判断是否到达文件的末尾。例如，fscanf 函数和 fgetc 函数在读到文件末尾时，都会返回 EOF。

有的书中说 EOF 是文本文件的结束标志字符，其实这是一种陈旧过时的说法。因为在当今各种操作系统的文本文件中，一般不再设置专门的结束标志字符。因此，EOF 只是某些输入函数的返回值，而不是从文本文件中读出来的字符。

源程序：

```c
#include<stdio.h>
#include<stdlib.h>
int main(void)
{
  FILE *fp;
  int a;
  if((fp=fopen("d:\\number.txt","r"))==NULL)
    {
      printf("文件 number.txt 打开失败! \n");
      exit(0);
    }
  while(1)
```

```
  {if(fscanf(fp,"%d",&a)==EOF)          /*将读出语句合并到 if 条件中*/
   break;
   printf("%d ",a);
   }
 fclose(fp);
 return 0;
}
```

（4）也可以将读出语句合并到循环条件中，从而得到如下源程序。

源程序：

```
#include<stdio.h>
#include<stdlib.h>
int main(void)
{
 FILE *fp;
 int a;
 if((fp=fopen("d:\\number.txt","r"))==NULL)
   {
     printf("文件 number.txt 打开失败! \n");
     exit(0);
   }
 while(fscanf(fp,"%d",&a)!=EOF)          /*将读出语句合并到循环条件中*/
     printf("%d ",a);
 fclose(fp);
 return 0;
}
```

两点说明：

（1）文本打开方式与二进制打开方式的区别。

是不是说用文本方式打开创建的就是文本文件，而用二进制方式打开创建的就是二进制文件呢？下面来验证一下。

将例 14.3 程序中文件的打开方式改为二进制写方式，从而得到如下源程序：

```
#include<stdio.h>
#include<stdlib.h>
int main(void)
{
 FILE *fp;
 int a;
 if((fp=fopen("d:\\number01.dat","wb"))==NULL)
   {
     printf("文件 number01.dat 打开失败! \n");
     exit(0);
   }
 printf("请输入若干名学生成绩(以任意负数作为结束标志): \n");
 while(1)
   {
   scanf("%d",&a);
   if(a<0)                          /*结束标记不写入文件中*/
     break;
```

```
            fprintf(fp,"%d\n",a);        /*数据之间要有分隔符，以免将多个数据连成一体*/
        }
    fclose(fp);
    return 0;
}
```

该程序运行之后，将会创建一个名为 number01.dat 的文件。若用文本编辑软件（如记事本）打开该文件，可以发现文件中的数据与输入的数据相同，只是并未实现分行；若用内码编辑软件（如 WinHex）打开该文件，可以发现文件中的每个字节都是 ASCII 码。以上两点说明该文件仍然是文本文件（即使其扩展名是 dat）。

其实一个新创建的文件是文本文件还是二进制文件的决定因素，是向文件中写入数据的函数，而不是文件的打开方式。一般而言，使用 fprintf、fputc 和 fputs 等函数所创建的文件，是文本文件；而使用 fwrite 函数所创建的文件，则是二进制文件。相应地，fscanf、fgetc 和 fgets 等函数用于读取文本文件；而 fread 函数则用于读取二进制文件。

既然如此，为什么还要将文件的打开方式区分为文本方式与二进制方式呢？其实，这源于两类操作系统对于回车换行的不同处理方式。在第一类操作系统（如 UNIX 和 Linux）的文本编辑软件中，采用与 C 语言相同的处理方式，只需用一个换行符（其 ASCII 码是 0AH），即可实现回车换行。而在第二类操作系统（如 DOS 和 Windows）的文本编辑软件中，则采用与 C 语言不同的处理方式，需要用一个回车符（其 ASCII 码是 0DH）和一个换行符的组合，方可实现回车换行。

因此，在第二类操作系统（如 DOS 和 Windows）中，当用文本方式打开文件并对文件进行写入操作时，将会把每一个换行符替换为一个回车符和一个换行符的组合；当用文本方式打开文件并对文件进行读出操作时，将会进行相反的替换。而当用二进制方式打开文件并对文件进行写入和读出操作时，将不会对字符进行任何替换。在 Windows 操作系统中，使用内码编辑软件（如 WinHex）打开前面创建的两个文件 number.txt 和 number01.dat，并进行对比，不难发现两者的区别所在。

在第一类操作系统（如 UNIX 和 Linux）中，文本打开方式与二进制打开方式是没有区别的。因此，不论用哪种方式打开文件，在对文件进行写入和读出操作时，都不会对字符进行任何替换。

（2）设备文件。

在 C 语言中，允许将外部设备当作文件来使用，并称其为设备文件。最常用的设备文件有三种：标准输入文件、标准输出文件和标准错误文件。标准输入文件通常是键盘，而标准输出文件和标准错误文件通常是显示器。这三种设备文件的 FILE 类型指针分别是 stdin、stdout 和 stderr，当使用设备文件时，不需要打开，也不需要关闭。

例如：

```
fprintf(stdout,"%d,%d",a,b);
```

等价于

```
printf("%d,%d",a,b);
```

其功能为向标准输出设备输出 a、b 两个变量的值。

又如：

```
fscanf(stdin,"%d,%d",&m,&n);
```

等价于

```
scanf("%d,%d",&m,&n);
```

其功能为从标准输入设备输入两个整数并存入 m、n 两个变量中。

14.3.2 fputc 函数和 fgetc 函数

fputc 函数和 fgetc 函数是专门用于向文件写入字符或从文件读出字符的函数。

1. 写入字符函数 fputc

其函数原型为

```
int fputc(char ch, FILE *fp)
```

该函数的功能是将 ch 中的字符写入文件指针 fp 所指向的文件中。若写入成功，则返回该字符；否则，返回 EOF。

【例 14.5】 从键盘上输入一篇文章（以#作为输入结束标志），将其中的字符写入 D 盘根目录中的文件 user.txt 中。

编程思路：

（1）以文本写方式打开文件 user.txt。

（2）从键盘上输入一个字符。

（3）将新字符写入文件 user.txt 中。

（4）循环执行第（2）和（3）步，直至输入#。

（5）关闭文件 user.txt。

源程序：

```
#include<stdio.h>
#include<stdlib.h>
int main(void)
{
  FILE *fp;
  char ch;
  if((fp=fopen("d:\\user.txt","w"))==NULL)
    {
      printf("文件打开失败! \n");
      exit(0);
    }
  printf("请输入一篇文章(以#结束输入): \n");
  while((ch=getchar())!='#')              /*先赋值，后判断*/
    {
      fputc(ch,fp);
    }
  printf("文件写入完成! \n");
  fclose(fp);
  return 0;
}
```

2. 读出字符函数 fgetc

其函数原型为

```
int fgetc(FILE *fp)
```

该函数的功能是从文件指针 fp 所指向的文件中读出一个字符。若读取成功，则返回该字符；否则，返回 EOF。

【例 14.6】 在 D 盘根目录中有一个名为 user.txt 的文件，编写程序将其中所有的字符读取出来，并输出到显示器上。

编程思路：

（1）以文本读方式打开文件 user.txt；

（2）从文件 user.txt 中读出一个字符，并原样显示到屏幕上；

（3）循环执行第（2）步，直至到达文件末尾；

（4）关闭文件。

源程序：

```c
#include<stdio.h>
#include<stdlib.h>
int main(void)
{
  FILE *fp;
  char ch;
  if((fp=fopen("d:\\user.txt","r"))==NULL)
    {
      printf("文件打开失败! \n");
      exit(0);
    }
  while(1)
    {
      ch=fgetc(fp);
      if(feof(fp)) break;
      putchar(ch);
    }
  fclose(fp);
  return 0;
}
```

【例 14.7】 在 D 盘根目录中有一个文件，编写程序将其内容复制一份，并写入 D 盘根目录中的新文件中。其中，源文件名和目标文件名均由用户从键盘输入。

编程思路：

文件复制就是将源文件中的数据读取出来，再原样写入目标文件中。

（1）从键盘输入源文件名和目标文件名。

（2）以二进制读方式打开源文件，以二进制写方式打开目标文件。

（3）从源文件中读出一个字符，并原样写入目标文件中。

（4）循环执行第（3）步，直至到达源文件末尾。

（5）关闭源文件和目标文件。

源程序：

```c
#include <stdio.h>
#include <string.h>
#include <stdlib.h>
int main(void)
{
```

```
FILE *fpin,*fpout;
char ch,in[30],out[30];
char filein[20]="d:\\",fileout[20]="d:\\";
printf("请输入源文件名: \n");
gets(in);
strcat(filein,in);
if((fpin=fopen(filein,"rb"))==NULL)
  {
    printf("输入文件打开失败! \n");
    exit(0);
  }
printf("请输入目标文件名: \n");
gets(out);
strcat(fileout,out);
if((fpout=fopen(fileout,"wb"))==NULL)
  {
    printf("输出文件打开失败! \n");
    exit(0);
  }
while(1)
  {
    ch=fgetc(fpin);
    if(feof(fpin)) break;
    fputc(ch,fpout);
  }
printf("文件复制成功! \n");
fclose(fpin);
fclose(fpout);
return 0;
}
```

说明:

（1）在复制文件时，应采用二进制方式打开文件，即读出和写入时不进行任何的字符变换。

（2）因为该程序是按字节复制文件的，所以它不限于复制文本文件，还可以复制任意其他类型的文件。

14.3.3 fputs 函数和 fgets 函数

fputs 函数和 fgets 函数是专门用于向文件写入字符串或从文件读出字符串的函数。

1. 写入字符串函数 fputs

其函数原型为

```
int fputs(char *str,FILE *fp)
```

该函数的功能是: 将指针 str 所指向的字符串写入文件指针 fp 所指向的文件中（并不自动添加换行符）。若写入成功，则返回一个非负数；否则，返回 EOF。

【例 14.8】 从键盘上输入一篇文章（以空行作为输入结束标志），并将其内容写入 D

盘根目录中的文件 password.txt 中。

编程思路：

（1）以文本写方式打开文件 password.txt。

（2）从键盘上输入一个字符串。

（3）将该字符串以及换行符写入文件 password.txt 中。

（4）循环执行第（2）和（3）步，直至输入空行。

（5）关闭文件 password.txt。

源程序：

```c
#include <stdio.h>
#include <string.h>
#include <stdlib.h>
int main(void)
{
  FILE *fp;
  char s[80];
  if((fp=fopen("d:\\password.txt","w"))==NULL)
    {
      printf("文件打开失败！\n");
      exit(0);
    }
  printf("请输入一篇文章(以空行作为输入结束标志)：\n");
  while(1)
    {
      gets(s);
      if(strlen(s)==0)        /*也可以写作 if(s[0]=='\0') */
        break;
      fputs(s,fp);
      fputs("\n",fp);         /*写入一个换行符，以免连成一体*/
    }
  printf("文件写入完成！\n");
  fclose(fp);
  return 0;
}
```

2. 读出字符串函数 fgets

其函数原型为

```c
char *fgets(char *buf,int n,FILE *fp)
```

该函数的功能是：从文件指针 fp 所指向的文件中读出一个长度为 n−1 的字符串（若遇到换行符或文件末，则提前结束读操作，并保留读出的换行符），并在字符串末尾添加'\0'之后存入指针 buf 所指向的内存区中。若读取成功，则返回指针 buf 的值；否则，返回空指针 NULL。

【例 14.9】 在 D 盘根目录中有一个名为 password.txt 的文本文件，其中存有一篇不超过 100 行的文章，编写程序读出其全部内容并输出到显示器上。

编程思路：

（1）以文本读方式打开文件 password.txt。

（2）从该文件中读出一行字符串。

（3）将该字符串输出到显示器上。

（4）循环执行第（2）和（3）步，直至读出所有字符串。

（5）关闭文件 password.txt。

源程序：

```c
#include <stdio.h>
#include <string.h>
#include <stdlib.h>
int main(void)
{
  FILE *fp;
  char s[80];
  int n;
  if((fp=fopen("d:\\password.txt","r"))==NULL)
   {
    printf("文件打开失败！\n");
    exit(0);
   }
  while(fgets(s,80,fp)!=NULL)          /*读出时会将换行符读出并存入数组中*/
   {
    n=strlen(s);
    if(s[n-1]=='\n')
     s[n-1]='\0';                      /*若最后一个字符是换行符，则删除它*/
    puts(s);
   }
  printf("文件读出完成！\n");
  fclose(fp);
  return 0;
}
```

14.3.4 fwrite 函数和 fread 函数

fwrite 函数和 fread 函数是以块方式向二进制文件写入数据或从二进制文件读出数据的函数。

1. 块写入函数 fwrite

其函数原型为

```c
int fwrite(void *pt,unsigned size,unsigned n,FILE *fp)
```

该函数有四个参数，其中，pt 是内存块首地址，size 是内存块字节数，n 是内存块个数；fp 是文件指针。该函数的功能是将指针 pt 所指向的连续 n 个长度为 size 字节的数据块，写入文件指针 fp 所指向的文件中。返回值是实际写入的数据块个数。

由于 fwrite 函数向文件写入数据时，是按照数据在内存中的格式写入的，所以所创建的文件属于二进制文件。

【例14.10】从键盘上输入10名学生的姓名以及数学、英语和计算机三门课程的成绩，然后求出每名学生的平均成绩，最后将全部数据写入 D 盘根目录中的文件 class.dat 中。

编程思路：

此处可定义一个结构体数组，用以存储 10 名学生的信息，然后利用 fwrite 函数将这些数据写入文件中。

（1）以二进制写方式打开文件 class.dat。

（2）输入 10 名学生的姓名以及三门课程的成绩，求出其平均成绩，并全部存入结构体数组中。

（3）用 fwrite 函数将结构体数组的内容写入文件 class.dat 中。

（4）关闭文件。

源程序：

```c
#include<stdio.h>
#include<stdlib.h>
struct stu
{
  char name[20];
  float math;
  float eng;
  float comp;
  float ave;
};
int main(void)
{
  FILE *fp;
  struct stu st[10];          /*结构体数组 st 用于存储 10 名学生的数据*/
  int i;
  if((fp=fopen("d:\\class.dat","wb"))==NULL)
    {
       printf("文件打开失败！\n");
       exit(0);
    }
  printf("请输入 10 名学生的姓名及三门课程的成绩：\n");
  for(i=0;i<10;i++)
    {
     scanf("%s%f%f%f",st[i].name,&st[i].math,&st[i].eng,&st[i].comp);
     st[i].ave=(st[i].math+st[i].eng+st[i].comp)/3;
    }
  fwrite(st,sizeof(struct stu),10,fp);
  fclose(fp);
  printf("文件写入完成！\n");
  return 0;
}
```

不难发现，该程序中的语句 fwrite(st,sizeof(struct stu),10,fp);，也可以改写为如下的循环。

```c
for(i=0;i<10;i++)
fwrite(&st[i],sizeof(struct stu),1,fp);
```

2. 块读出函数 fread

其函数原型为

```
int fread(void *pt,unsigned size,unsigned n,FILE *fp)
```

该函数有四个参数，其中，pt 是内存块首地址，size 是内存块字节数，n 是内存块个数，fp 是文件指针。该函数的功能是从文件指针 fp 所指向的文件中，读出连续 n 个长度为 size 字节的数据块，存入指针 pt 所指向的内存区中。返回值是实际读出的数据块个数。

【例 14.11】 已知在 D 盘根目录中的文件 class.dat 中存有若干名学生的信息（结构同例 14.10），编写程序将这些数据读取出来，并显示到屏幕上。

问题分析：

（1）根据文件的结构，应当利用 fread 函数从文件中读取数据块。

（2）由于不能确定文件中数据块的个数，所以每次只读出一个数据块，直至到达文件末。

编程思路：

（1）以读方式打开文件 class.dat。

（2）用 fread 函数从文件中读取一个数据块并存入结构体变量中。

（3）将结构体变量的内容输出到屏幕上。

（4）循环执行第（2）和（3）步，直至文件末。

（5）关闭文件。

源程序：

```c
#include<stdio.h>
#include<stdlib.h>
struct stu
{
  char name[20];
  float math;
  float eng;
  float comp;
  float ave;
};
int main(void)
{
  FILE *fp;
  struct stu s;      /*变量 s 用于存储一名学生的数据*/
  if((fp=fopen("d:\\class.dat","rb"))==NULL)
    {
      printf("文件打开失败！\n");
      exit(0);
    }
  while(1)
    {
    fread(&s,sizeof(struct stu),1,fp);
    if(feof(fp)!=0) break;
    printf("%20s%7.2f%7.2f%7.2f%7.2f\n",s.name,s.math,s.eng,s.comp,s.ave);
    }
  fclose(fp);
```

```
    return 0;
}
```

14.4 拓展：文件的读写定位与随机读写

前面讲述的文件读写都属于顺序读写方式，即只能从文件的开头依次顺序读写数据。而在实际应用中，有时需要直接读写文件中间的某一部分数据，这种读写方式称为随机读写。很显然，相对于顺序读写方式，随机读写方式具有更高的效率与灵活性。

为了实现文件的随机读写，C 语言提供了几个实现文件读写位置定位的函数。为了便于描述，可以设想有一个指针总是指向文件中当前的读写位置，并称其为读写位置指针。

14.4.1 rewind 函数

其函数原型为

```
void rewind(FILE *fp)
```

该函数的功能是：将 fp 所指向的文件的读写位置指针重新定位到文件首。

例如：

```
rewind(fp);
```

14.4.2 fseek 函数

其函数原型为

```
int fseek(FILE *fp,long offset,int base)
```

该函数的功能是：将 fp 所指向的文件的读写位置指针，定位到基准位置 base 和偏移量 offset 所确定的位置上。其中，基准位置 base 有三种选择，其表示方法及含义如表 14.2 所示。

表 14.2 base 的表示方法及含义

起始点	符号表示	数字表示
文件首	SEEK_SET	0
当前位置	SEEK_CUR	1
文件末尾	SEEK_END	2

offset 是相对于基准位置的偏移量，其值为正表示向文件尾方向偏移，其值为负表示向文件首方向偏移。

例如：

```
fseek(fp,10,0);
```

将读写位置指针移动到从文件首向后偏移 10 字节处。

又如：

```
fseek(fp,-10,SEEK_END);
```

将读写位置指针移动到从文件尾向前偏移 10 字节处。

需要注意，在调用 fseek 函数时，若以常量形式表示的偏移量的值超出了整型数据的取值范围，则必须表示为长整型常量，即在整型常量之后添加 l 或 L。

例如：

```
fseek(fp,1000000L,SEEK_SET);
```

14.4.3　ftell 函数

其函数原型为

```
long ftell(FILE *fp)
```

该函数的功能是：若调用成功，则返回 fp 所指向的文件的读写位置指针相对于文件首的偏移量；若失败，则返回-1。

例如：

```
long n;
n=ftell(fp);
```

14.4.4　文件的随机读写

在数据文件中，一组完整的相关数据项（如一名学生的各项数据）可以称为一条记录。一条记录相当于二维表格中的一行。

在文本文件中，由于不同记录的长度往往是不相等的，故难以直接确定某一条记录的起始位置，因此文本文件适合采用顺序方式读写。而在二进制文件中，所有记录的长度都是相等的，故可以根据某一条记录的序号直接确定其起始位置。因此，二进制文件既可以采用顺序方式读写，也可以采用随机方式读写。

对于同一个文件，如果在程序中既需要读出、又需要写入，那么就应该以可读可写的方式打开该文件。从表 14.1 中可以发现，可读可写的打开方式包括 r+、w+、a+、rb+、wb+ 和 ab+等，其实这几种打开方式之间是有很大不同的。其中，r+与 rb+方式只能打开已存在的文件，打开之后既可以读出数据，也可以改写任意位置的已有数据，还可以在文件末添加新的数据。w+与 wb+方式可以创建新的文件，但若文件已存在，则会先清空其内容；打开之后既可以写入新的数据，也可以改写任意位置的已有数据，同时可以读出数据。a+与 ab+方式可以创建新的文件，若文件已存在，则会保留其内容；打开之后可以读出数据，但只能在文件末写入新的数据，而不能改写任意的已有数据。

此外需要特别注意，当以可读可写的方式打开文件时，必须满足下列条件之一才能由读出改为写入或由写入改为读出。

（1）刚刚执行了 rewind、fseek 等重新定位读写位置指针的操作。

（2）读写位置指针已到达文件末。

【例 14.12】　已知在 D 盘根目录中的文件 class.dat 中存有若干名学生的信息（结构同例 14.10），要求从键盘输入一名学生的姓名，然后读出其各项信息，并将其各科成绩提高10%，最后重新写入原文件中。

问题分析：

（1）根据文件的结构，应当利用 fread 函数从文件中读取数据块。

（2）由于不能确定文件中数据块的个数，每次只读出一个数据块，直至到达文件末。

（3）由于要对已存在的文件进行读操作和写操作，故应采用"rb+"方式打开文件。

编程思路：

（1）以"rb+"方式打开文件 class.dat。

（2）从键盘上输入一名学生姓名。

（3）用 fread 函数从文件 class.dat 中读取一个记录到结构体变量中。

（4）若姓名不相符，则转向第（3）步，直至到达文件末；否则，修改其成绩数据。

（5）若未找到相应记录，则显示提示信息。

（6）重新显示文件中的所有数据。

（7）关闭文件。

源程序：

```c
#include <stdio.h>
#include <string.h>
#include <stdlib.h>
struct stu
{
 char name[20];
 float math;
 float eng;
 float comp;
 float ave;
};
int main(void)
{
 FILE *fp;
 struct stu s;                              /*变量s用于存储一名学生的数据*/
 char name01[20];
 if((fp=fopen("d:\\class.dat","rb+"))==NULL)
   {
    printf("文件打开失败! \n");
    exit(0);
   }
 printf("修改之前的学生数据: \n");
 while(1)
   {
    fread(&s,sizeof(struct stu),1,fp);  /*读出一条记录*/
    if(feof(fp)) break;
    printf("%20s%7.2f%7.2f%7.2f%7.2f\n",s.name,s.math,s.eng, s.comp,s.ave);
   }
 printf("请输入待查找学生的姓名: ");
 gets(name01);
 rewind(fp);                                /*读写指针回到文件首，以备重新读文件*/
 while(1)
   {
    fread(&s,sizeof(struct stu),1,fp);  /*读出一条记录*/
    if(feof(fp)) break;
    if(strcmp(s.name,name01)==0)
     {
      s.math*=1.1;
      s.eng*=1.1;
      s.comp*=1.1;
      s.ave*=1.1;
      fseek(fp,-(long)sizeof(struct stu),SEEK_CUR);
```

```
                    /*读写指针回到当前数据块开头，以备修改数据*/
        fwrite(&s,sizeof(struct stu),1,fp);      /*写入一条记录*/
        printf("修改完成！\n");
        break;
        }
     }
if(feof(fp))              /*若到达文件末，则说明未找到*/
   printf("查无此人！\n");
else
  {rewind(fp);            /*读写指针回到文件首，以备重新读文件*/
   printf("修改之后的学生数据：\n");
   while(1)
     {
     fread(&s,sizeof(struct stu),1,fp);      /*读出一条记录*/
     if(feof(fp)) break;
        printf("%20s%7.2f%7.2f%7.2f%7.2f\n",s.name,s.math,s.eng,s.comp,s.ave);
     }
  }
close(fp);
return 0;
}
```

附录 A ASCII 码字符表

ASCII 码是计算机中使用最广泛的字符集及其编码，全称为 American Standard Code for Information Interchange（美国标准信息交换码），由美国国家标准化协会（ANSI）制定。已被国际标准化组织（ISO）定为国际标准，称为 ISO 646 标准，适用于所有拉丁文字字母。ASCII 码由 7 位二进制数进行编码，可表示 128 个字符。在计算机的存储单元中，一个 ASCII 码实际占用 1 个字节（8 个位），因此标准 ASCII 码的最高位为 0。

标准 ASCII 码与二进制、十六进制和十进制值的对应关系如附表 A-1 和附表 A-2 所示。

附表 A-1 ASCII 码对应的二进制和十六进制的值

低位＼高位 十六进制		0	1	2	3	4	5	6	7
十六进制	二进制＼二进制	0000	0001	0010	0011	0100	0101	0110	0111
0	0000	NUL	DEL	SP	0	@	P	`	p
1	0001	SOH	DC1	!	1	A	Q	a	q
2	0010	STX	DC2	"	2	B	R	b	r
3	0011	ETX	DC3	#	3	C	S	c	s
4	0100	EOT	DC4	$	4	D	T	d	t
5	0101	ENQ	NAK	%	5	E	U	e	u
6	0110	ACK	SYN	&	6	F	V	f	v
7	0111	BEL	ETB	'	7	G	W	g	w
8	1000	BS	CAN	(	8	H	X	h	x
9	1001	HT	EM	)	9	I	Y	i	y
A	1010	LF	SUB	*	:	J	Z	j	z
B	1011	VT	ESC	+	;	K	[	k	{
C	1100	FF	FS	,	<	L	\	l	|
D	1101	CR	GS	–	=	M	]	m	}
E	1110	SO	RS	.	>	N	^	n	~
F	1111	SI	US	/	?	O	_	o	DEL

十进制值	字符	十进制值	字符	十进制值	字符	十进制值	字符	十进制值	字符	十进制值	字符	十进制值	字符	十进制值	字符
0	NUL	16	DEL	32	SP	48	0	64	@	80	P	96	`	112	p
1	SOH	17	DC1	33	!	49	1	65	A	81	Q	97	a	113	q
2	STX	18	DC2	34	"	50	2	66	B	82	R	98	b	114	r
3	ETX	19	DC3	35	#	51	3	67	C	83	S	99	c	115	s
4	EOT	20	DC4	36	$	52	4	68	D	84	T	100	d	116	t
5	ENQ	21	NAK	37	%	53	5	69	E	85	U	101	e	117	u
6	ACK	22	SYN	38	&	54	6	70	F	86	V	102	f	118	v
7	BEL	23	ETB	39	'	55	7	71	G	87	W	103	g	119	w
8	BS	24	CAN	40	(	56	8	72	H	88	X	104	h	120	x
9	HT	25	EM	41	)	57	9	73	I	89	Y	105	i	121	y
10	LF	26	SUB	42	*	58	:	74	J	90	Z	106	j	122	z
11	VT	27	ESC	43	+	59	;	75	K	91	[	107	k	123	{
12	FF	28	FS	44	,	60	<	76	L	92	\	108	l	124	|
13	CR	29	GS	45	–	61	=	77	M	93	]	109	m	125	}
14	SO	30	RS	46	.	62	>	78	N	94	^	110	n	126	~
15	SI	31	US	47	/	63	?	79	O	95	_	111	o	127	DEL

ASCII 码表中字符说明如下。

（1）第 0 号～第 32 号及第 127 号为不可见的控制字符，用于通信等方面。控制字符的作用如附表 A-3 所示。

附表 A-3　控制字符的作用

顺序号	ASCII 码字符	作用	C 语言的转义字符
0	NUL	空	\0
1	SOH	标题开始	
2	STX	正文开始	
3	ETX	正文结束	
4	EOT	传输结束	
5	ENQ	询问字符	
6	ACK	确认	
7	BEL	报警	\a
8	BS	退格	\b
9	HT	横向制表	\t
10	LF	换行	\n
11	VT	垂直制表	\v
12	FF	走纸控制（换页）	\f
13	CR	回车	\r

顺序号	ASCII 码字符	作用	C 语言的转义字符
14	SO	移位输出	
15	SI	移位输入	
16	DEL	数据链换码	
17	DC1	设备控制 1	
18	DC2	设备控制 2	
19	DC3	设备控制 3	
20	DC4	设备控制 4	
21	NAK	否定	
22	SYN	空转同步	
23	ETB	信息组传送结束	
24	CAN	作废	
25	EM	纸尽	
26	SUB	换置	
27	ESC	换码	
28	FS	文字分隔符	
29	GS	组分隔符	
30	RS	记录分隔符	
31	US	单元分隔符	
32	SP	空格	
127	DEL	删除	

（2）第 33 号～第 126 号为可见字符，包括大小写英文字母，0～9 阿拉伯数字，标点符号和运算符。

附录 B C 语言的关键字

关键字就是已被编程语言本身使用的标识符，不能用作变量名、函数名等其他用途。在 C 语言中，由 ANSI 标准定义的关键字共 32 个，如附表 B-1 所示。

附表 B-1 C 语言的关键字

auto	double	int	struct	break	else
long	switch	case	enum	register	typedef
char	extern	return	union	const	float
short	unsigned	continue	for	signed	void
default	goto	sizeof	volatile	do	if
while	static				

对于不同的编译器，会有一些不同的关键字。

附录 C 运算符的优先级和结合性

优先级	运算符	名称或含义	使用形式	结合方向	说明
1	[]	数组下标	数组名[常量表达式]	左结合	
	（ ）	圆括号	（表达式）		
	++、－－	后自增（后自减）运算符	变量名++/变量名－－		
	.	成员选择（对象）	对象.成员名		
	–>	成员选择（指针）	对象指针–>成员名		
2	－	取负运算符	－表达式	右结合	单目运算
	（类型）	强制类型转换	（数据类型）表达式		
	++、－－	前自增（前自减）运算符	++变量名/－－变量名		
	*	间接引用运算符	*指针变量		
	&	取地址运算符	&变量名		
	!	逻辑非运算符	!表达式		
	~	按位取反运算符	~表达式		
	sizeof	长度运算符	sizeof（表达式）		
3	*	乘	表达式*表达式	左结合	双目运算
	/	除	表达式/表达式		
	%	求余数（取模）	整型表达式%整型表达式		
4	+	加	表达式+表达式	左结合	双目运算
	－	减	表达式－表达式		
5	<<	按位左移	变量<<表达式	左结合	移位运算
	>>	按位右移	变量>>表达式		
6	>	大于	表达式>表达式	左结合	双目运算
	>=	大于等于	表达式>=表达式		
	<	小于	表达式<表达式		
	<=	小于等于	表达式<=表达式		

优先级	运算符	名称或含义	使用形式	结合方向	说明
7	==	等于	表达式==表达式	左结合	双目运算
	!=	不等于	表达式!= 表达式		
8	&	按位与	表达式&表达式	左结合	双目运算
9	^	按位异或	表达式^表达式	左结合	双目运算
10	|	按位或	表达式|表达式	左结合	双目运算
11	&&	逻辑与	表达式&&表达式	左结合	双目运算
12	||	逻辑或	表达式||表达式	左结合	双目运算
13	?:	条件运算符	表达式 1? 表达式 2: 表达式 3	右结合	三目运算
14	=	赋值运算符	变量=表达式	右结合	双目运算
	/=	除后赋值	变量/=表达式		
	*=	乘后赋值	变量*=表达式		
	%=	取模后赋值	变量%=表达式		
	+=	加后赋值	变量+=表达式		
	—=	减后赋值	变量—=表达式		
	<<=	按位左移后赋值	变量<<=表达式		
	>>=	按位右移后赋值	变量>>=表达式		
	&=	按位与后赋值	变量&=表达式		
	^=	按位异或后赋值	变量^=表达式		
	|=	按位或后赋值	变量|=表达式		
15	,	逗号运算符	表达式,表达式,…	左结合	顺序运算

附录 C 运算符的优先级和结合性

附录 D 常用的 C 语言库函数

1. 数学函数

当调用数学函数时，要求在源程序文件中使用#include <math.h>。附表 D-1 为数学函数。

附表 D-1 数学函数

函数原型说明	功能	返回值
int abs（int x）；	求整数 x 的绝对值	计算结果
double acos（double x）；	计算 arccosx 的值 $-1 \leq x \leq 1$	$0 \sim \pi$
double asin（double x）；	计算 arcsinx 的值 $-1 \leq x \leq 1$	$-\pi/2 \sim \pi/2$
double atan（double x）；	计算 arctanx 的值	$-\pi/2 \sim \pi/2$
double atan2（double x,double y）；	计算 arctan（x/y）的值	$-\pi/2 \sim \pi/2$
double cos（double x）；	计算 cosx 的值 x 单位为弧度	$-1 \sim 1$
double cosh（double x）；	计算 x 的双曲余弦 函数 coshx 值	计算结果
double exp（double x）；	求 e^x 的值	计算结果
double fabs（double x）；	求实数 x 的绝对值	计算结果
double floor（double x）；	求不大于 x 的最大整数	该整数等值的双精度实数
double fmod（double x,double y）；	求 x 整除 y 的余数	返回双精度的余数
double log（double x）；	求 ln x	计算结果
double log10（double x）；	求 lgx	计算结果
double pow（double x,double y）；	计算 x^y 的值	计算结果
double sin（double x）；	计算 sin x 的值 x 单位为弧度	$-1 \sim 1$
double sinh（double x）；	计算 x 的双曲正弦 函数 sinhx 的值	计算结果
double sqrt（double x）；	计算 x 的平方根，$x \geq 0$	计算结果
double tan（double x）；	计算 tanx 的值 x 单位为弧度	计算结果
double tanh（double x）；	计算 x 的双曲正切 函数 tanhx 的值	计算结果

2. 字符函数和字符串函数

当调用字符函数时，要求在源程序文件中使用#include <ctype.h>；而在使用字符串函数时，要求在源程序文件中使用#include <string.h>。附表 D-2 为字符函数和字符串函数。

附表 D-2　字符函数和字符串函数

函数原型说明	功能	返回值	包含文件
int isalnum（int ch）;	检查 ch 是否为字母或数字	是字母或数字返回 1；否则返回 0	ctype.h
int isalpha（int ch）;	检查 ch 是否为字母	是字母返回 1，不是返回 0	ctype.h
int iscntrl（int ch）;	检查 ch 是否为控制字符（其 ASCII 码在 0～0x1f 或 0x7f）	是，返回 1；不是，返回 0	ctype.h
int isdigit（int ch）;	检查 ch 是否为数字（'0'～'9'）	是，返回 1；不是，返回 0	ctype.h
int isgraph（int ch）;	检查 ch 是否为图形字符（其 ASCII 码在 0x21～0x7e），不含空格	是，返回 1；不是，返回 0	ctype.h
int islower（int ch）;	检查 ch 是否为小写字母（'a'～'z'）	是，返回 1；不是，返回 0	ctype.h
int isprint （int ch）;	检查 ch 是否为可打印字符（包括空格），其 ASCII 码在 0x20～0x7e	是，返回 1；不是，返回 0	ctype.h
int ispunct （int ch）;	检查 ch 是否为标点字符，即除字母、数字和空格外所有可打印字符	是，返回 1；不是，返回 0	ctype.h
int isspace（int ch）;	检查 ch 是否为空格、跳格符（制表符）或换行符（其 ASCII 码在 0x09～0x0d 或 0x20）	是，返回 1；不是，返回 0	ctype.h
int isupper（int ch）;	检查 ch 是否为大写字母（'A'～'Z'）	是，返回 1；不是，返回 0	ctype.h
int isxdigit（int ch）;	检查 ch 是否为 16 进制数字字符（'0'～'9', 'A'～'F'或 'a'～'f'）	是，返回 1；不是，返回 0	ctype.h
int tolower（int ch）;	将字母 ch 转换为小写字母	返回对应的小写字母	ctype.h
int toupper（int ch）;	将字母 ch 转换为大写字母	返回对应的大写字母	ctype.h
char *strcat（char *strl, char *str2）;	把字符串 str2 连接到 str1 后面，str1 最后面的'\0'被删除	返回 strl	string.h
char *strchr （char *str, int ch）;	在 str 指向的字符串中，找出字符 ch 第一次出现的位置	返回指向位置的指针；如找不到，则返回空指针	string.h
int strcmp（char *str1, char *str2）;	比较两个字符串 str1、str2	str1<str2 返回负数 str1=str2 返回 0 str1>str2 返回正数	string.h
char *strcpy（char *str1, char *str2）;	把 str2 指向的字符串拷贝到 str1 中	返回 str1	string.h
unsigned strlen（char *str）;	统计字符串 str 中字符的个数（不包括终止符'\0'）	返回字符个数	string.h
char *strstr（char *str1, char *str2）;	在 str1 字符串中，找出 str2 字符串（不包括终止符'\0'）第一次出现的位置	返回该位置的指针；如找不到，返回空指针	string.h
char *memset（void *ptr,int val, unsigned len）;	将值 val 写入到从 ptr 开始的长度为 len 字节的内存区的每个字节	返回 ptr	string.h

3. 输入/输出函数

当调用输入输出函数时，要求在源文件中使用#include <stdio.h>。附表 D-3 为输入/输出函数。

附表 D-3　输入/输出函数

函数原型说明	功能	返回值
viod clearerr（FILE*fp）;	清除 fp 指向的文件的错误标志，同时清除文件结束指示器	无
int fclose（FILE *fp）	关闭 fp 所指的文件，释放文件缓冲区	有错则返回 EOF，否则返回 0
int feof（FILE*fp）	检查文件是否结束	遇文件结束符返回非 0，否则返 0
int fgetc（FILE *fp）	从 fp 所指定的文件中取得下一个字符	返回所得到的字符，若读入出错，返回 EOF
char *fgets（char *buf, int n, FILE *fp）;	从 fp 指向的文件读取一个长度为（n–1）的字符串，存入起始地址为 buf 的空间	返回地址 buf，若遇文件结束或出错，返回 NULL
char *fopen（char *filename, char *mode）;	以 mode 指定的方式，打开名为 filename 的文件	若成功，返回一个文件指针（文件信息区的起始地址），否则，返回 NULL
int fprintf（FILE*fp, format[, args,…]）;	在用 format 指定的字符串的控制下，将输出表列 args 的值输出到 fp 指向的文件	输出字符的个数。若出错，返回 EOF
int fputc（char ch, FILE *fp）;	将字符 ch 输出到 fp 指向的文件中	若成功，则返回该字符；否则返回 EOF
int fputs（ char *str, FILE * fp）;	将 str 指定的字符串输出到 fp 指定的文件中	若成功，则返回非负整数；否则返回 EOF
int fread（void *pt, unsigned size, unsigned n,FILE *fp）;	从 fp 所指定的文件中，读取 n 个长度为 size 的数据项，到到 pt 所指向的内存区	若成功，则返回所读的数据个数；若遇文件结束或出错，则返回 0
int fscanf（FILE *fp, char *format[, args,…]）;	从 fp 所指定的文件中，按 format 指定的格式，将输入数据存入 args 所指定的内存中	若成功，则返回所输入数据个数；若遇文件结束或出错，则返回 EOF
int fseek（FILE *fp, long offset,int base）;	将 fp 所指向的文件的位置指针移到以 base 所指向的位置为基准，以 offset 为位移量的位置	若成功，则返回 0；否则，返回非 0
long ftell（ FILE *fp）	返回 fp 所指向的文件中的读写位置	若成功，则返回文件中的读写位置；否则，返回–1L
int fwrite（void *ptr,unsigned size, unsigned n,FILE *fp）;	把 ptr 所指向的 n*size 个字节写到 fp 指向的文件中	实际写到文件中的数据项的个数
int getc（ FILE *fp）;	从 fp 所指向的文件中读入一个字符	若成功，则返回所读的字符；若文件结束或出错，则返回 EOF
int getchar（）;	从标准输入设备读取下一个字符	若成功，则返回所读的字符；否则，返回 EOF
char *gets（char *str）;	从标准输入设备读入一行字符串，存入 str 为起始地址的内存空间，并用 '\0' 替换读入的换行符	若成功，则返回地址 str；否则，返回 NULL
int printf（char *format[, args,…]）	在用 format 指定的字符串的控制下，将输出表列 args 的值输出到标准输出设备	若成功，则返回输出字符的个数；否则，返回 EOF
int putc（int ch, FILE *fp）;	把一个字符 ch 输出到 fp 所指的文件中	若成功，则返回输出的字符 ch；否则，返回 EOF

C 语言程序设计新思路

函数原型说明	功能	返回值
int putchar（char ch）；	把字符 ch 输出到标准输出设备	若成功，则返回输出的字符 ch；否则，返回 EOF
int puts（char *str）；	把 str 指向字符串输出到标准输出设备，并将 '\0' 转换为回车换行	若成功，则返回非负值；否则，返回 EOF
int rename（char *oldname,char *newname）；	将 oldname 所指的文件名改为 newname 所指的文件名	若成功，则返回 0；否则，返回非 0
void rewind（FILE *fp）	将 fp 所指的文件位置指针移到文件开头位置，并清除文件结束标志和错误标志	无
int scanf（char *format[, args,…]）；	从标准输入设备，按 format 指定的格式，将输入数据存入 args 所指定的内存中	若成功，则返回所输入数据个数；若出错，则返回 EOF

4. 通用函数

当调用通用函数时，要求在源文件中使用<stdlib.h>。附表 D-4 为通用函数。

附表 D-4　通用函数

函数原型说明	功能	返回值
void *calloc（unsigned n, unsigned size）；	申请分配 n×size 字节的连续内存空间	若成功，则返回所分配内存的起始地址；否则，返回 NULL
void free（void *p）；	释放 p 所指向的动态分配的内存空间	无
void *malloc（unsigned size）；	申请分配 size 字节的连续内存空间	若成功，则返回所分配内存的起始地址；否则，返回 NULL
void *realloc（void *p, unsigned size）；	将 p 所指向的动态分配内存区的大小，改为 size 字节	若成功，则返回所分配内存的起始地址；否则，返回 NULL
int rand（void）；	产生 0~RAND_MAX 的随机整数，RAND_MAX 为 int 型的最大正数	返回一个随机整数
void exit（int status）；	正常终止程序的执行，并以 status 为返回状态码	无
double atof（char *nptr）；	将字符串 nptr 转换成双精度数	返回这个数，错误返回 0
int atoi（char *nptr）；	将字符串 nptr 转换成整型数	返回这个数，错误返回 0
long atol（char *nptr）；	将字符串 nptr 转换成长整型数	返回这个数，错误返回 0

参 考 文 献

[1] King K N. C 语言程序设计现代方法. 2 版. 北京: 人民邮电出版社, 2010.

[2] Samuel P. Harbison Ⅲ, Guy L. Steele Jr. C 语言参考手册. 5 版. 徐波等, 译. 北京: 机械工业出版社, 2003.

[3] 巨同升. C 语言程序设计——从入门到进阶. 北京: 人民邮电出版社, 2011.

[4] 巨同升. C 语言程序设计项目式教程. 北京: 清华大学出版社, 2018.

[5] 宋吉和. C 语言程序设计. 2 版. 东营: 中国石油大学出版社, 2006.

[6] 田淑清. 全国计算机等级考试二级教程——C 语言程序设计. 2016 年版. 北京: 高等教育出版社, 2015.